一個人的旅味煮食

咩莉・煮食 著

　　本來計劃出完第一本書《一個人的優雅煮食》後就要停下腳步、放飛自我；先到柬埔寨與家人團聚順便慢活一陣，再與好友們前往西藏將萬欲歸零、一同尋找生命的意義；如果行有餘力，就再安排幾個能打打牙祭的小旅行。讓身心都恢復到健康又飽滿（？）的狀態後再出發。

　　可惜半路殺出這意料之外的新冠疫情，我所期待的旅行計劃就全都泡湯了。

　　眼巴巴地望著手機與硬碟裡儲存的旅遊照片，回憶著那時那刻的悸動、興奮、震撼與美好；看著照片裡一道道令人垂涎的在地料理，細細反芻著當下入口的點滴感動。

　　突然一個靈光乍現！

　　「料理是沒有國界，也沒有門檻的呀！」

　　既然大部分的人都飛不出去，不如我就來和大家分享過去在旅行途中嚐過的、聽過的或是試過之後自己再次調整與變化的各式料理。將想念化為動力，同時也能讓各位讀者感受我感受過的美好：）

　　於是，《一個人的旅味煮食》就這樣誕生了。

　　如果說《一個人的優雅煮食》是將重點放在如何好好享受一個人的獨煮時光；這一本《一個人的旅味煮食》則著重於料理完成後，與身邊在乎的人們一同開心分享。

　　做為上一本書的延伸，這本書同樣依照四季作編排；隨著季節更迭，你可以利用當季最新鮮的食材，做出最符合時令的美味料理。

　　而菜色部分也是包羅萬象，有用古人命名的有趣菜品，像是西施豆腐、東坡茄子和貴妃雞翅，這背後是否有什麼特別的典故？南京的美齡粥為什麼能讓宋美齡女士和我的閨蜜們食欲大開，一碗接著一碗停不下來？雲南的老奶奶洋

芋和紅三剁究竟有什麼名堂，光看菜名實在是讓人摸不著頭緒？香茅豆腐和香茅豬肉串燒一上桌就被清盤的魅力到底何在？鮪魚綠咖哩，如此平凡的兩種食材卻能吃出 fine dining 的美妙滋味？巴西椰奶蝦為什麼會有一股東南亞味呢，你說到底是誰偷師誰？

　　此外，我還在書中放了好幾道對於養顏美容非常有益處的健康高顏值甜點，讓你未來在準備下午茶招待朋友時能面子、裡子全都顧到。

　　這次在書的最後還增設了一個關於料理攝影的章節，想和大家一同聊聊關於按快門以外的那三兩事。真心感謝大家對於我在社群上分享的照片不吝支持與喜愛，於是我決定藉由這本書，不藏私地將這一路慢慢摸索過來的食攝心得一一化為文字，與各位讀者分享。

　　內容包含照片氛圍的營造、自然光的運用、構圖的心法、取景方向與角度、道具的利用、各種料理主題的拍攝要領（包含早午餐、便當、定食、豐富的宴客料理），還有大家很想知道的照片後製。希望這小小的反饋，能讓大家在為自己的料理留下美好紀念時更能得心應手，並且少走一點歪路。

　　料理對於我來說就是一種說和聽都特別溫暖、浪漫又幸福的語言。當我無法透過話語向身邊的人表述情感、或是無法用文字形容當下的感受時，料理便成為一個很好的載體；煮一道背後有故事的異地佳餚，讓我能與在乎的人們分享我曾經歷過的美好與感動，使彼此有更加深刻的交流。

　　你準備好了嗎？！現在就挽起袖子，用料理做為連接彼此的橋樑，將一桌旅味分享給身邊的人們吧♥

咩莉

IG：@omememelly

FB：咩莉煮食

Contents

關於按快門以外的那三兩事：咩莉的料理攝影心得分享 | 160

Spring
春季餐桌

春季 Part I

自己吃 or 多煮一點二人世界

早午餐
高麗菜餃捲．乾煎馬鈴薯雞丁

晚餐
茄醬檸香杏鮑菇肉盒．雞蛋豆腐燜鱈魚

招待朋友一起吃！

下午茶
鮮果薩巴雍．白玉桃膠

晚餐
甜橙紙包魚．香茅豆腐．蒜炒青花筍．鹽麴椒苦茵菇牛

春季 Part II

自己吃 or 多煮一點二人世界

早午餐
馬鈴薯咖哩．蘋果甜菜根薄餅

晚餐
娃娃菜捲菇菇．沖香山胡椒雞腿排

招待朋友一起吃！

下午茶
草莓高蛋白厚鬆餅．檸檬冰沙盅

晚餐
小松菜捲沙拉．東方美人茶排骨
薄荷甜豆培根干貝．檸檬雞翅

用偷吃步的方式讓你隨時都能吃到美味的高麗菜捲，

就連口味都能隨君挑選！

再配上煎得香酥的馬鈴薯雞丁；怎麼能一早就這麼幸福。

自己吃
or
多煮一點二人世界

（早午餐）

高麗菜餃捲
乾煎馬鈴薯雞丁

高麗菜餃捲

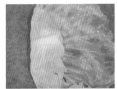

🍳 材料

高麗菜葉　10片
冷凍水餃　10顆
芹菜葉　少許
調味料
高湯　500ml
鹽　1g

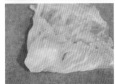

🍳 作法

1　將高麗菜葉從梗部取下後清洗乾淨，並削薄粗硬菜梗。
2　取一鍋，放水和鹽煮至沸騰後，再加入菜葉燙軟。
3　用燙軟的菜葉包裹一顆冷凍水餃。
4　將包好的高麗菜捲放入鍋中，倒入500ml的高湯（約淹至高麗菜捲的一半）；蓋上鍋蓋，中火煮至沸騰，再轉小火煮15分鐘就完成囉！
5　盛盤後，放上一點芹菜葉裝飾即可。

乾煎馬鈴薯雞丁

🍳 材料

雞腿排　1片
（150～180g）
白玉馬鈴薯　200g
蔥花　1根量
雞腿醃料
伍斯特醬　1大匙
清酒　1小匙
調味料
鹽　1／2小匙
胡椒粉　少許

🍳 作法

1　雞腿肉切成一口大小，加入清酒和伍斯特醬，拌勻醃漬15分鐘。
2　馬鈴薯洗淨不用去皮，切成比雞腿丁小的丁狀。

＊馬鈴薯要切的比雞腿丁小，否則一起炒的時候馬鈴薯還沒酥，雞腿丁已經老了。

3　馬鈴薯丁用飲用水清洗、去除多餘澱粉。
4　鍋裡放入一匙油後，開小火，先用鍋鏟將濾乾水分的馬鈴薯丁輕輕攤平，使底部均勻受熱，接著轉大火乾煎拌炒至呈金黃。
5　轉中火，將馬鈴薯丁堆到一邊，放入雞腿丁拌炒。待雞腿丁外表呈熟色後，兩者拌勻，以中火續煎。
6　加入鹽和胡椒粉稍微調味；翻炒時不要太用力，以免馬鈴薯被炒碎就不好看了。
7　熄火，盛盤，再撒點蔥花即可享用。

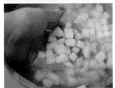

自己吃
or
多煮一點二人世界

（晚餐）

茄醬檸香杏鮑菇肉盒
雞蛋豆腐燜鱈魚

杏鮑菇裹上番茄醬，色澤明媚如南國的暖春。一口咬下去，醬汁的酸甜，杏鮑菇的嫩滑，肉餡的鮮香，倒像是把春天嚐在嘴裡，細細品味。再用筷子夾上吸滿啤酒香的豆腐與鱈魚，你說週末的夜晚是不是就要這樣享受！

茄醬檸香杏鮑菇肉盒

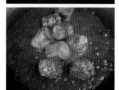

➲ 材料

瘦豬絞肉　100g
蔥　2根（切碎）
薑　2片（切末）
杏鮑菇　4根
太白粉　2大匙
小黃瓜花　數朵（飾頂）

調味料

鹽　1小匙
番茄糊　2大匙
五香粉　1小匙
老抽　1大匙
檸檬汁　10ml
高湯　100ml

➲ 作法

1 薑切末、蔥切碎後與鹽、五香粉及檸檬汁一起跟豬絞肉拌勻，醃製十五分鐘。

2 杏鮑菇切成4cm小段後，在杏鮑菇中間切一刀但不要切斷，塞入醃好的豬絞肉。

3 杏鮑菇兩面用水拍濕，裹上太白粉。

＊由於在煎的過程中杏鮑菇容易出水，裹太白粉能助於定型，也更好上色。

4 熱鍋下油，放入杏鮑菇肉盒，小火煎至微微金黃，翻面，同樣煎至微黃即可取出待用。

5 原鍋直接加入番茄糊、老抽和高湯，拌均勻，完成醬汁。

＊加了老抽成色會更好看，也可以不加。

6 煎好的杏鮑菇肉盒再次放入鍋中，以中火煮四分鐘，小心翻面，讓兩面都沾上醬汁，最後以大火將醬汁收乾即可。

雞蛋豆腐燜鱈魚

➲ 材料

雞蛋豆腐　1盒
鱈魚　1片
蔥　3根（切段）
薑　5片（切絲）
大辣椒　1／2根（切圈）
牛番茄　1顆（切塊）

調味料

啤酒　1瓶
醬油　1大匙
味醂　1大匙
鹽　1g

➲ 作法

1 雞蛋豆腐切塊，以中火煎到兩面金黃待用。

2 番茄切塊、辣椒切圈、蔥切小段，薑則是切絲備用。

3 鱈魚處理乾淨後撒少許鹽調味，入油鍋煎至外酥裡嫩。

4 原鍋剩下的油放入蔥、薑、辣椒炒香。

5 取一個砂鍋將豆腐、魚、番茄和蔥、薑、辣椒一起放入；倒入沒過食材的啤酒。

6 最後放醬油和味醂調味後開中火煮滾，再轉小火煮10分鐘讓酒氣散掉即完成。

Part 1

招待朋友一起吃！

（下午茶）

鮮果薩巴雍
白玉桃膠

用四顆蛋黃、四顆蛋白同時
做出兩道高顏值又美味的點
心；再也沒有只用蛋黃不知
道一堆蛋白該怎麼辦、用了
蛋白不知道一堆蛋黃該怎麼
辦的窘境了！

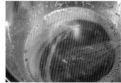
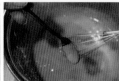

鮮果薩巴雍

➲ 材料

蛋黃　4顆（約60g）
香蕉　2根
奇異果　2顆
草莓　10顆
堅果碎　1大匙
調味料
白蘭地　10ml
貝里斯奶酒　30ml
糖　40g

➲ 作法

1 將蛋黃和三溫糖、奶酒、白蘭地一起在調理盆中混合攪打均勻。

2 鍋中加水，煮到沸騰後轉小火，再將裝蛋糊的調理盆隔水加熱；一邊加熱一邊用打蛋器不停在蛋糊中快速畫圈，直到蛋糊黏稠，可以畫出清晰的紋路即可起鍋。

＊可以加入一兩滴檸檬汁去除蛋腥，隔水加熱的溫度不要太高，以免蛋黃快速凝固或出現硬塊。

3 將香蕉、草莓和奇異果切塊後放入玻璃杯中，最後將攪拌好的蛋糊均勻淋在水果上，再撒上堅果碎及點綴些茴香花即可。

TIPS

薩巴雍是義大利甜品，音譯自 Sabayon，做起來比提拉米蘇還簡單。我這次做的版本是醬料比水果少很多，同時因為水果已經夠甜了，糖量也相對減少。讓你和姊妹們開心享受甜品又不怕長肉肉。配著新鮮的水果，又混合著酒香，每一口都是驚喜。酒的部分可以換成其他烈酒或甜酒會有不一樣的滋味。

白玉桃膠

➔ 材料

蛋白　4顆（約120g）
牛奶　500ml
桃膠　45g

調味料
蜂蜜　50g

➔ 作法

1. 桃膠稍微清洗後，用溫開水浸泡一夜，泡發至膨脹沒有硬塊。

2. 浸泡過的桃膠，雜質基本上都已經沉底了；再次清洗一次，讓雜質徹底清除乾淨（洗不掉的可用小鑷子夾除）。

3. 鍋中放水及桃膠煮沸後，以小火煮20分鐘後撈起；稍微放涼，將桃膠拌入30g蜂蜜。

4. 用一半的牛奶與蛋白攪拌均勻；而剩下的牛奶則是加入20g蜂蜜，用微波爐加熱40秒至蜂蜜融化（＊牛奶和蛋白要混合均勻，不要有蛋白浮在牛奶上的狀況。）。

5. 將蜂蜜牛奶倒入蛋奶液裡，以漏勺過篩，使蛋奶液更加細膩。

6. 過篩後的細緻蛋奶羹攪拌完靜置一下等氣泡消失，再以中大火蒸15分鐘，直至蛋奶液凝固（＊蒸煮時可以在蛋奶羹上蓋上蓋子，以防進水。）。

7. 最後將煮好的桃膠鋪在蒸好的蛋奶羹上就可以上桌了。

TIPS

桃膠是桃樹分泌出來的自然樹膠，又叫桃花淚。有「天然燕窩」的美稱。桃膠本身沒什麼味道，但口感Q彈軟嫩，顏色像琥珀一樣，用來做中式甜點非常合適。

招待朋友一起吃！

（晚餐）

甜橙紙包魚·香茅豆腐
蒜炒青花筍·鹽麴椒香菌菇牛

朋友來家裡用餐怎能隨隨便便；有酸
酸甜甜的香橙魚、有馬告香氣的鹽麴
牛肉、有特殊香茅口味的豆腐、還有
用蒜炒得香噴噴的青花筍；一桌擺
滿，根本是香氣的盛宴了！

甜橙紙包魚

🍊 材料

鯛魚　2片（300g）
佛利蒙柑／柳橙　1顆
檸檬　1顆
胡蘿蔔　50g
玉米筍　50g
蒜　3瓣（切末）
薑　3片（切絲）

調味料
鹽　1／2小匙
橄欖油　1大匙
黑胡椒粒　少許

🍊 作法

1 用鹽水把佛利蒙柑和檸檬外皮洗乾淨後製作醃魚汁。佛利蒙柑和檸檬頭尾各切下1／4，將頭尾部分的柑橘汁和檸檬汁擠在碗中當成醃魚汁基底（因為只有1／4所以比較好擠出汁水；若還是不好擠，在果肉部分戳幾刀再操作，會變得容易許多）。

2 鯛魚清洗乾淨，用廚房紙吸乾水分，切成3cm左右小塊。

3 把鯛魚塊放入醃魚汁內，撒上少許鹽、黑胡椒、薑和蒜，醃製15～30分鐘。

＊醃魚時間越久果香越濃，也可提前一晚醃製。

4 把胡蘿蔔押花、玉米筍切滾刀塊，剛剛剩下的佛利蒙柑中段切成0.2cm左右的厚圓片。

5 鍋內倒入少量橄欖油，中火炒軟蔬菜備用；利用鍋裡剩餘的橄欖油，將佛利蒙柑兩面乾煎出香氣。

6 取一張烘焙紙，層層鋪上炒香的蔬菜、柑橘片、醃好的鯛魚、薑、蒜，再淋上一小勺醃魚汁，最後澆上一小匙橄欖油。

7 烤箱預熱至攝氏180度；等待的時間來密封紙包魚，對折油紙，中間疊三折，兩端各疊三折，形成一個不會漏的紙袋，轉置到烤箱內。

8 將紙包魚以攝氏180度，烤15分鐘即完成。

香茅豆腐

➡ 材料

雞蛋豆腐　1盒（約300g）

香料

香茅　2支（切段）
辣椒　1根（切圈）
蒜　2瓣（切片）
紅蔥頭　2顆（切片）
辣椒絲　少許

調味料

魚露　1／2小匙
醬油　1大匙
蝦醬　1大匙
椰糖　1小匙
飲用水　100ml

雞蛋豆腐用

太白粉　1大匙

➡ 作法

1 先將雞蛋豆腐切成塊狀後擦乾水分，再拍上薄薄的太白粉；下一匙油、入鍋煎至兩面金黃即可起鍋。

2 將所有切好的香料材全入鍋先煸香。

3 接著放入煎好的豆腐，再放入所有的調味料和100ml飲用水翻炒均勻；先用小火煮滾，讓食材慢慢入味；最後轉大火讓水分收乾。

4 起鍋前撒上少許辣椒絲即完成。

蒜炒青花筍

➡ 材料
青花筍　200g
蒜瓣　10g（切片）
調味料
鹽　1／2小匙
黑胡椒粒　少許

➡ 作法
1 將青花筍洗淨後去除老葉，再切成等長。
2 鍋中放入一大匙油，先將切成片的蒜煸成金黃色（可將鍋具稍微傾斜，這樣的油量會比較能覆蓋住所有的蒜片）。
3 將蒜片起鍋後，直接用剩下的蒜油來炒青花筍，炒至青花筍脆綠（約1～2分鐘）即可起鍋。

鹽麴椒香菌菇牛

➡ 材料
嫩肩牛里肌　250g
甜椒　1顆
綜合菇　150g（鴻喜菇、白玉菇、金針菇）
香菇　2～3朵
青辣椒　1根（切圈）
薄荷葉　1小株
白芝麻粒　少許

調味料
花椒　1g
鹽麴　1大匙
柚子醋　1大匙

➡ 作法
1 將嫩肩牛里肌切成一口大小後用鹽麴醃漬30分鐘。等待的時間將綜合菇撕開、香菇切花、甜椒切絲、青辣椒切圈。
2 先將撕開的菇鋪在錫箔紙上；再依序疊上牛肉、甜椒、辣椒；最後再放兩三朵切花的香菇。
3 將錫箔紙包起前淋上一大匙柚子醋、撒上花椒和芝麻粒。
4 接著將錫箔紙完整包好，送入以攝氏220度預熱完成的烤箱中烤15分鐘即完成。
5 上桌前打開錫箔紙，點綴上薄荷葉就完成了。

自己吃
or
多煮一點二人世界

（早午餐）

馬齒莧咖哩
蘋果甜菜根薄餅

馬齒莧，顧名思義就是長得像馬的牙齒一樣的莧菜。
很多人都沒聽過馬齒莧，但它在法國餐廳是被當做搭
配松露的高級食材；可生吃可熟吃，味道微酸又清爽。
在台灣，是被農人當做長在田邊的雜草用來餵豬的，
所以才有一個俗名叫做「豬母乳」，直到最近幾年才
終於因為它的營養價值很高而備受矚目。

馬齒莧咖哩

➔ 材料

馬齒莧　150g
菲達乳酪　100g
堅果　20g
洋蔥　1顆
調味料
瑪莎拉咖哩糊　30g
橄欖油　10ml

➔ 作法

1 堅果先入鍋以小火烘烤出香氣，再磨成堅果碎。
2 將洋蔥切絲後與橄欖油和咖哩糊一起拌炒至洋蔥變軟並且全部上色。

3 放入馬齒莧與一半的菲達乳酪一起翻炒至乳酪融於咖哩內即可起鍋。
4 上桌前撒上剩下的菲達乳酪和幾片馬齒莧點綴一下就完成了。

蘋果甜菜根薄餅

➔ 材料

蘋果　100g
真空包甜菜根　100g
乳酪絲　30g
市售蛋餅皮　2片
蜂蜜　20g

➔ 作法

1 將蘋果、蜂蜜與甜菜根一起打成泥。
2 取一張蛋餅皮，在上面均勻塗抹打好的果泥，再撒上乳酪絲；最後蓋上另一張蛋餅皮即可。

3 鍋內塗上薄油，放進薄餅後兩面煎成金黃色即可起鍋切片開動。

TIPS

將甜菜根與蜂蜜還有蘋果一起打成泥，就不會嚐到甜菜根的土味喔！

自己吃
or
多煮一點二人世界

（晚餐）

柚香山胡椒雞腿排
娃娃菜捲菇菇

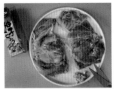

柚香山胡椒雞腿排

🔄 材料

雞腿排　2片

調味料

柚子醋　1大匙

柚子山胡椒　1大匙

蜂蜜水　1大匙

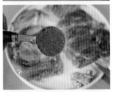

🔄 作法

1 準備兩片雞腿排去除多餘脂肪及碎骨。

2 將柚子山胡椒醬均勻塗抹在兩片肉面上，肉面重疊，醃至10分鐘以上。

3 皮面向下放入鍋中，不用加油，直接以中小火乾煎五分鐘；全程用鍋鏟緊壓腿排，讓皮面不會緊縮得太誇張。

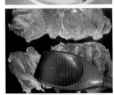

4 接著翻面、蓋上鍋蓋，用雞皮煸出的雞油將雞腿肉以小火燜煎5～8分鐘；起鍋前用刷子在雞皮上刷一層蜂蜜水增添香氣；就可以得到一片香脆多汁的雞腿排了。

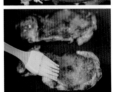

娃娃菜捲菇菇

🔄 材料

娃娃菜葉　8片

甜椒　50g

鴻喜菇　50g

白玉菇　50g

胡蘿蔔　50g

辣椒　1根

調味料

飲用水　1大匙

醬油　1大匙

烏醋　1大匙

味醂　1大匙

香油　1小匙

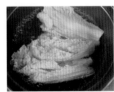

🔄 作法

1 胡蘿蔔去皮和甜椒一起切成絲、菇類去除根部後撕開、辣椒切圈備用。

2 水、醬油、味醂、烏醋、香油和辣椒圈混合均勻備用。

3 起一鍋水沸騰後放入娃娃菜，燙軟後撈出，再過冷水待用。

4 將娃娃菜上放菇、甜椒和蘿蔔絲後捲成一捲捲；再將混合好的調味料淋在娃娃菜捲上。

5 最後將娃娃菜捲以中大火蒸8分鐘即可。

招待朋友一起吃！

（下午茶）

草莓高蛋白厚鬆餅
檸檬冰沙盅

用高蛋白粉跟洋車前子殼粉做成的鬆餅不但蛋白質滿點，口感也非常好喔！搭配「不需要冰在冷凍庫」裡就能快速製成的檸檬冰沙，讓你能超有效率地在朋友面前露一手。

草莓高蛋白厚鬆餅

➔ 材料

香草高蛋白乳清粉　25g
洋車前子殼粉　10g
鮮奶　75ml
蛋黃　1顆
蛋白　2顆
草莓　10顆

調味料
乳清粉　1大匙（飾頂）
珍珠糖　可有可無

➔ 作法

1 將蛋白以外的食材均勻混合在一起，再將蛋白打發；把剛剛混好的食材分次拌入打發的蛋白中，鬆餅漿就完成了。

2 鍋內抹上一層薄油，大火熱鍋1分鐘，接下來分次疊放鬆餅漿，在鍋內倒入一大匙的水後，轉小火，蓋鍋蓋燜煎5分鐘；接著翻面一樣加水、蓋鍋蓋再燜煎5分鐘即可起鍋！

3 將草莓對切去蒂頭成為愛心形狀、乳清粉當作糖粉撒在鬆餅上；最後點綴一點珍珠糖作為裝飾即完成。

檸檬冰沙盅

➔ 材料

檸檬　3顆
水　100ml
冰塊　1大盒
金線蓮花（飾頂）
薄荷葉（飾頂）

調味料
蜂蜜　45g
鹽　3大匙

➔ 作法

1 從檸檬蒂頭往下1／3處切開，同時將底部切平，使檸檬可以立在桌面上。

2 用尖細的水果刀插進果肉與果皮之間，順著檸檬形狀運刀，讓果肉與果皮分離。

3 將檸檬果肉以小湯匙挖出，剩下的外皮不要丟，要當作盛裝的容器；先將果盅放進冷凍庫待用。

4 將果肉榨汁，並以篩網過濾檸檬汁。

5 將檸檬汁、飲用水和蜂蜜攪拌均勻後放入夾鏈袋內；把空氣擠壓出後再關緊夾鏈袋。取一個密封盒，將夾鏈袋放進後填滿冰塊、撒上3大匙鹽。蓋上蓋子。用力上下左右搖晃2分鐘，打開夾鏈袋就會發現，原本的檸檬汁已經變成冰沙了。

6 將做好的冰沙填進冰鎮後的果盅內，再點綴上金線蓮花和薄荷葉就可以了。

Part II

招待朋友一起吃！

（晚餐）

小松菜捲沙拉・東方美人茶排骨
薄荷甜豆培根干貝・檸檬雞翅

   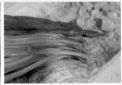

小松菜捲沙拉

➡ 材料

小松菜　200g
白芝麻粒　1小匙
調味料
蕎麥麵醬油　3大匙
味醂　1大匙
冷開水　1大匙

➡ 作法

1 先將小松菜去根後洗淨，在底部用刀劃十字幫助汆燙時更快熟。

2 把小松菜入滾水中汆燙1分鐘；撈起後放入冰水裡降溫。

3 接著將小松菜頭尾穿插整理成一束，稍微用力壓擠、瀝乾水分。

4 接著將小松菜切去底部，再切成四段，放上調羹成一口大小。

5 最後淋上調好的醬汁、撒上白芝麻就完成了。

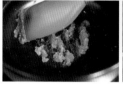  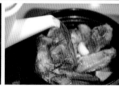 

東方美人茶排骨

➜ 材料

排骨　500g
烏龍茶葉　20g
蒜　3～4瓣

調味料
醬油　2大匙
鹽　1小匙
糖　1大匙

➜ 作法

1 泡一壺濃茶，茶葉放多一點也沒關係，這樣茶香也會比較足。

2 先將排骨放入冷水中煮滾；汆燙去浮沫，撈出後待用。

3 鍋中放一匙油和糖；先將糖色炒出，再接著把排骨煸炒上色。

4 加入蒜瓣及醬油，並且把茶水倒入排骨鍋中，大火煮滾後轉小火燉40分鐘，喜歡肉質軟爛的可以多燜10分鐘。

5 同時起另一鍋將泡過的茶葉入鍋炒酥。

6 接著在燉排骨的鍋內加入一小匙鹽（可依個人口味鹹淡調整），轉大火將湯汁收乾，排骨裝盤，最後撒上茶葉酥即完成。

TIPS

茶香排骨是正統雲南菜。生活在大自然基因庫的雲南人，本能地遵循「綠的是菜，動的都是肉」這一法則，什麼都能吃入口，連鮮花都可以煎雞蛋！所以，以茶入菜，也就見怪不怪了。
正宗的茶香排骨，要用普洱或是滇紅為底，色深味濃，更容易給排骨上色。
但普洱黑乎乎的不但影響顏值，還有股霉味，所以我就私心改用了色澤更清亮的烏龍茶，來「香」了一道排骨。

薄荷甜豆培根干貝

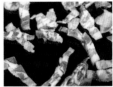

🔁 材料

培根 50g
甜豆 100g
小干貝 100g
薄荷葉 10g

調味料

黑胡椒 1g
鹽 1g

🔁 作法

1 培根切丁，鍋內不放油，直接乾煸至捲曲微焦。

2 接著放入去了蒂頭及粗纖維的甜豆一起翻炒一分鐘，再放入干貝，一樣翻炒一分鐘。

3 起鍋前加入薄荷葉、撒上鹽和黑胡椒拌炒均勻即可盛盤上桌。

檸檬雞翅

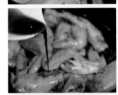
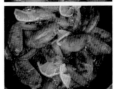

🔁 材料

雞翅 12支
檸檬 1個
薑 5片

調味料

醬油 2大匙
蠔油 1大匙
糖 2小匙
檸檬汁 1大匙

🔁 作法

1 先將調味料食材全部混合均勻成醬汁後待用。

2 雞翅洗淨擦乾水分、檸檬及薑切片。

3 鍋中放一匙油，放入雞翅與薑片先煸香，待雞翅炒至變色後，加入調好的醬汁，以中大火不斷翻炒15分鐘。

4 待湯汁變濃稠，再加入檸檬片翻炒3分鐘，即可出鍋。

Summer
夏季餐桌

夏季 Part I

自己吃 or 多煮一點二人世界

早午餐
巴西椰奶蝦・檸香櫛瓜麵

晚餐
四季豆菇菇蛋沙拉・白酒醋葡香雞腿排

招待朋友一起吃！

下午茶
鮪魚綠咖哩沾麵・鮮蝦生春捲・金桔鮮蝦沙拉

晚餐
泰式松阪豬・紅三剁雪麵（雲南肉醬雪麵）
青紅辣椒金錢蛋・雪見秋葵雙吃（鹽烤＋冰鎮秋葵）

夏季 Part II

自己吃 or 多煮一點二人世界

早午餐
椰香南瓜麵疙瘩・橙燒鴨胸

晚餐
柚香山胡椒烤竹筍・涼拌蛤蜊・鱈魚西京燒

招待朋友一起吃！

下午茶
梅汁鹽麴四季豆雞肉串・甜辣蘋果花枝・櫛瓜茄子香柚捲

晚餐
金針菇烤豆腐紙捲・綠竹筍排骨湯
醬煮透抽・雞蛋蒜蓉茄子燒

自己吃
or
多煮一點二人世界
（早午餐）

巴西椰奶蝦
檸香櫛瓜麵

「Bobó de Camarão」是巴西一道非常受歡迎的佳餚。

濃郁的椰奶香，透著檸檬的酸，以及一點點辣；吃起來反而有一種濃濃的東南亞風味。

究～竟，到底是誰偷師誰呢？！

而低醣義大利麵和櫛瓜一起組合而成的義大利麵，不僅熱量低低、飽足感十足，味道又清爽極了～

巴西椰奶蝦

● 材料

大蝦仁　10尾
甜椒　100g
洋蔥　100g
牛番茄　100g
椰漿　200ml
木薯粉　1小匙
檸檬片　1／2顆量
蝦仁醃料
白酒　2大匙
檸檬汁　1／2顆量
鹽　1g
調味料
椰糖　10g
鹽　1g

● 作法

1 蝦仁撒鹽、加入檸檬汁和白酒；攪拌均勻後醃製10～15分鐘待用。
2 將甜椒、洋蔥和番茄都切成塊狀。
3 另一個碗裡加入木薯粉，再倒入椰漿攪拌均勻。
4 先在鍋中放少許油，將洋蔥和番茄炒軟；接著加入黃椒和紅椒，繼續翻炒。
5 再放入醃好的蝦，翻炒至蝦變色。
6 最後放入椰漿、椰糖、1／2小匙鹽；再加入幾片檸檬，繼續煮1分鐘即可出鍋。

檸香櫛瓜麵

● 材料

綠櫛瓜　1條
黃櫛瓜　1條
低醣義大利麵　80g
帕瑪森起司　20g
檸檬皮　少許
檸檬汁　1／2顆
薄荷葉　少許
水煮蛋　2顆
調味料
鹽　1g
黑胡椒　少許

● 作法

1 義大利麵先依包裝上的指示，放進加了鹽的滾水中煮熟待用。
2 將櫛瓜用刨絲器刨成絲；如果沒有刨絲器的話，也可以直接用刀先將櫛瓜片成薄片，再切條。
3 取一只鍋子，放進一大匙橄欖油，將櫛瓜絲先放入，以中火翻炒3分鐘。
4 接著放入煮好的義大利麵和兩大匙煮麵水繼續拌炒至水分收乾。
5 同時間刨上帕瑪森乳酪和一些檸檬皮屑；擺上對切的水煮蛋；再撒上鹽及黑胡椒即可捲麵盛盤。

Part 1

自己吃
or
多煮一點二人世界

（晚餐）

白酒醋葡香雞腿排
四季豆菇菇蛋沙拉

烤過的葡萄因為水分減少，甜度變得更加明顯；接近葡萄乾，卻又比葡萄乾多汁且不甜膩。同時大蒜也非常鬆軟，塗抹在腿排上根本絕配！烤盤內剩下的醬汁還能用來拌義大利麵或是淋在沙拉上！

再用叉子一叉，是四季豆清爽的口感，還有兩種不同菇菇帶來的鮮脆；配上煮得恰到好處的嫩嫩水煮蛋；整道沙拉讓人吃得心滿意足。

四季豆菇菇蛋沙拉

材料

四季豆　100g
水煮蛋　2顆
鴻喜菇　30g
白玉菇　30g
堅果　10g
菲達乳酪　10g

調味料

鹽　1／2小匙
是拉差醬　1大匙

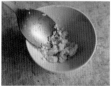

作法

1 放少許油，先將四季豆與菇類一起入鍋拌炒2～3分鐘。

2 另起一鍋滾水將雞蛋煮8分鐘，就能得到完美的水煮蛋了。

3 將乳酪和堅果都壓碎。

4 取一個盤子將四季豆與菇先擺上、再放上一顆切成4等份的水煮蛋；堅果碎與菲達乳酪也撒上，最後淋上是拉差醬，再撒點鹽及胡椒即完成。

白酒醋葡香雞腿排

材料

雞腿排　2片
無花果　1顆
三色無籽葡萄　150g
迷迭香　4～5株
蒜　4～5瓣

調味料

白酒醋　100ml
鹽　1g
黑胡椒　少許

作法

1 將雞腿排多餘的脂肪先去除，接著劃上幾刀斷筋，讓腿排在加熱後不會收縮得太嚴重。

2 腿排皮面朝下，以中火煎至表面金黃酥脆；接著翻面，將水果和蒜粒一起放進烤盤中；淋上白酒醋、撒上鹽和黑胡椒，再放進以攝氏180度預熱完成的烤箱中烤40分鐘即可。

3 上桌前可以點綴幾株迷迭香做裝飾。

Part I

招待朋友一起吃！

（下午茶）

鮪魚綠咖哩沾麵
鮮蝦生春捲
金桔鮮蝦沙拉

鮪魚綠咖哩沾麵

這個蘸料請務必學會，因為CP質極高！只要用便宜的鮪魚罐頭就能變出高級餐廳裡蟹肉抹醬的精緻味道。

🔄 材料

水煮鮪魚　100g（約一個小罐頭）
綠咖哩醬　35g
洋蔥末　15g
蒜末　15g
素麵線　120g
調味料
椰子油　1小匙
椰漿　200ml
魚露　5滴

🔄 作法

1 鍋中放油，將綠咖哩醬和洋蔥、蒜末一起炒出香氣。
2 接著倒入椰漿煮至沸騰；再加入瀝掉水的鮪魚肉及魚露再次煮至鍋邊冒泡即可熄火後放涼。
3 使用調理棒／機，將煮好的醬料打成更細緻的泥狀（喜歡吃到肉塊的人可以省略這步驟）。
4 將素麵線煮好後和醬料一起盛盤，攪拌均勻後即可享用。

鮮蝦生春捲

生春捲皮泡過水後很快就會軟化，記得不要放在水裡過久喔！且在包裹春捲時，請注意要讓食材的漂亮紋路顯現出來。

🔄 材料

蝦仁　6尾
豬梅花火鍋肉片　6片　　蛤蜊調味料
米紙　6張　　　　　　　蒜末　3瓣量
紫甘藍　50g　　　　　　醬油　2大匙
高麗菜　50g　　　　　　白醋　1大匙
彩椒　120g　　　　　　香油　數滴
秋葵　3根　　　　　　　辣椒末　1根量
調味料　　　　　　　　香菜葉　少許
甜辣梅子沾醬　2大匙

🔄 作法

1 蝦仁汆燙後剖成兩片；豬肉片也燙熟待用。
2 紫甘藍、高麗菜和彩椒切絲；秋葵則是汆燙後切成小星星狀。
3 米紙用溫水浸泡十秒後拿起放在盤子上。
4 將米紙想像成被垂直劃分成四等份；第一跟第四區塊不放食材；第二區塊放上一些會襯出蝦仁顏色的蔬菜絲；而蝦仁則是和星星秋葵將有紋路面朝下貼合第三區塊的米紙。
5 接著由左、上、下、右依序包裹起成棒狀就完成了。
6 享用前蘸點現成的梅醬或是甜辣醬即可。

金桔鮮蝦沙拉

少了堅果碎會讓這道料理失色不少；
不論是花生、杏仁或是腰果都好，絕對不要省略喔！

材料
鮮蝦　6尾
綜合生菜　80g
小番茄　3～4顆
堅果碎　1大匙
金桔　數顆
蝦子醃料
金桔汁　1顆量
鹽　1／2小匙
胡椒　少許

作法
1　生菜洗淨；小番茄和金桔對半切。
2　蝦子去殼只留頭尾，再從背部劃開一刀去腸泥；用醃料抓醃10分鐘。
3　蝦子入鍋兩面各煎2分鐘即可起鍋與生菜還有番茄一起擺盤。
4　享用前再擠上金桔汁、撒上堅果碎即可。

Part I

招待朋友一起吃！

（晚餐）

泰式松阪豬・紅三剁雪麵
青紅辣椒金錢蛋・雪見秋葵雙吃

泰式松阪豬

烤好的豬頸肉表面泛著一層誘人的油光，還有令人流口水的焦糖色。還沒吃，心已被擄獲！

📥 材料

松阪豬　300g

豬肉醃料

醬油　4小匙
油膏　4小匙
魚露　1小匙
蜂蜜　4小匙
羅望子醬　4小匙
蒜泥　2瓣量

調味料

白醋　1小匙
小辣椒　2根
醬油　2小匙
蜂蜜　2小匙
醬油膏　2小匙
檸檬汁　4小匙
羅望子醬　2小匙

📥 作法

1. 豬頸肉的醃料先混和均勻，再塗抹在洗淨擦乾水分的豬頸肉上（豬頸肉醃製前先用叉子戳些小洞會更容易入味）再放冰箱冷藏至少3小時（隔夜為佳）。

2. 烤盤鋪上烘焙紙，將醃好的豬頸肉放入烤盤中。

3. 烤箱以攝氏210度預熱好後，放入豬頸肉，烤15分鐘，接著再翻面，將溫度調至攝氏230度再烤5分鐘即可。

4. 將烤好的豬頸肉斜切成片，裝盤。

5. 蘸料的食材混和均勻後，就可以開心享用啦！

紅三剁雪麵

（雲南肉醬雪麵）

紅三剁是一道雲南的家常菜。所謂紅三剁，就是把三紅：紅紅的番茄、新鮮的紅豬肉，和火紅的辣椒分別剁碎後再炒在一起。
食材既容易取得，做法也簡單。不需要什麼調味料，靠的是將番茄炒到出汁再與肉汁融合的鮮甜鹹香。這道菜不拌麵、不下飯實在說不過去，所以我們用相對無負擔的蒟蒻麵來取代碳水高的普通麵條，如此一來就能大快朵頤囉！

材料

蒟蒻麵　300g
豬絞肉　200g
牛番茄　2顆
大紅辣椒　1根切圈
蒜末　2瓣量
薑末　2片量
青辣椒　1根
（配色用，可有可無）

調味料
鹽　1小匙

豬絞肉醃料
鹽　1小匙
酒　1大匙
太白粉　1小匙

作法

1 辣椒剁碎、番茄底部劃十字後，放入滾水中汆燙，接著再放入冰水裡冷卻、去皮切丁。
2 豬絞肉加入鹽、太白粉和米酒揉捏混和均勻。
3 開中火，鍋裡放少許油，放入一半蒜蓉、薑末下油鍋爆香。
4 再將肉末下鍋大概炒至變色就先盛起待用。
5 中火爆香剩下的另一半蒜蓉、薑末，再下番茄及鹽煽炒出汁。
6 最後放入辣椒和炒過的肉末，翻炒均勻，再根據鹹淡加入適量鹽調味。
7 以沸水將蒟蒻麵汆燙兩次，將鹼水的味道去除；將肉醬淋在麵上拌勻就可以享用了。

TIPS

番茄去皮是為了更好的口感，不介意連皮吃的這個步驟可以省略。
豬肉最好選三肥七瘦，炒出來才有油潤的口感，要是用純瘦肉效果會差一些些。

青紅辣椒金錢蛋

金錢蛋本來是道湖南菜，但最原始的食譜對一般的台灣人來說實在太辣，於是我將辣椒減量，並且改用顏色一樣很美的甜椒做替代。把煮熟的水煮蛋切成片，下鍋用小火煎到兩面金黃，再和辣椒一起翻炒均勻，金光燦燦的雞蛋片就像錢幣一樣吸引人。而雞蛋片煎過後口感非常好，因為和調味料的接觸面積大，上色入味都是一絕，請務必試試看！

🥄 材料

水煮蛋　4顆
青辣椒　1根
紅辣椒　1根
甜椒　1顆
蔥花　1支量
蒜片　3～4瓣量

調味料

蒜蓉辣椒醬　1小匙
豆瓣醬　1大匙
鹽　1g

🥄 作法

1 將青辣椒、紅辣椒切圈、甜椒切塊狀；大蒜切成片狀。
2 將雞蛋入滾水煮8分鐘，剝殼後也切成片狀。
3 下油熱鍋，將切好的一片片水煮蛋煎至兩面金黃，接著撈出待用。
4 接著用煎蛋剩下的油，放入蒜片爆香。
5 青紅辣椒和甜椒也下鍋炒熟，再放入剛剛煎好的雞蛋片。
6 最後加入豆瓣醬和蒜蓉辣椒醬，翻炒均勻；好吃誘人的金錢蛋就完成囉！

TIPS

1 沒有雞蛋切片器的話，可以在刀的兩面沾點水或油，然後果斷地切開；或是使用牙線劃開也很容易。
2 建議使用不沾鍋或是多放一些油。不然蛋黃很容易在煎炒的過程中脫落、破碎或沾黏。

雪見秋葵雙吃（鹽烤＋冰鎮秋葵）

看到鹽和冰塊為秋葵舖墊的輕透地毯；這不就是夏天消暑最好的視覺處方呀！

➲ 材料

鹽烤秋葵

秋葵　　12支
粗鹽　　5大匙
橄欖油　1小匙
檸檬片　裝飾用

冰鎮秋葵

秋葵　　12支
醬油　　1大匙
芥末　　1小匙
冰塊　　裝飾用

➲ 鹽烤秋葵作法

1 秋葵洗淨，用少許鹽搓揉，去除表面絨毛，再次沖洗乾淨後切下蒂頭。

2 處理好的秋葵裝入玻璃碗，拌入1小匙橄欖油，輕輕晃動，讓油可以均勻裹在秋葵上。

3 烤皿上鋪滿粗鹽，入烤箱一起預熱攝氏180度。預熱完成後取出烤皿，將秋葵一一排好，盡量不要堆在一起，再烤8分鐘即完成。

➲ 冰鎮秋葵作法

1 秋葵洗淨，用少許鹽搓揉，去除表面絨毛，再次沖洗乾淨後刨下蒂頭的粗硬纖維。

2 在滾水中放一小匙油和一小匙鹽，將秋葵放進去汆燙2分鐘。

3 撈起立刻泡進冰水中；再次撈起後排在冰塊上即完成（如果不是馬上吃，可以先放進冰箱再取出擺盤。）。

TIPS

1 切秋葵蒂頭時注意不要切太深，以不露出籽為標準。否則入烤箱烘烤時會損失裡面的黏液，影響口感。

2 粗鹽在此除了調味，還有讓秋葵受熱均勻的作用，所以不要捨不得放太少。烤完如果覺得扔掉可惜，可以冷卻後去掉結塊部分，其餘收集裝袋下次再用。

周末的早晨不如兩個人一起四手下廚。
手做好吃 Q 彈麵疙瘩、
再烤個香甜多汁的鴨胸，
平凡就是最值得慶祝的快樂了。

Part II

自己吃
or
多煮一點二人世界
（早午餐）

椰香南瓜麵疙瘩
橙燒鴨胸

椰香南瓜麵疙瘩

材料

麵疙瘩

馬鈴薯　200g
中筋麵粉　200g（過篩）
蛋黃　1顆
鹽　1小匙
南瓜　250g
堅果碎　1大匙
椰子油　1大匙
雞高湯　2大匙

調味料

紅椒粉　1小匙
煮麵疙瘩水　1大匙

作法

1 馬鈴薯切小塊後入滾水煮15分鐘再壓成泥；接著混入蛋黃、過篩的中筋麵粉和鹽。
2 捏成團後再搓揉成條，切成一口大小的塊狀後再用叉子壓出紋路。
3 煮一鍋滾水將麵疙瘩放進去煮至浮起即可。
4 南瓜蒸熟後壓成泥，與椰子油、雞高湯、煮麵水和紅椒粉一起入鍋煮到鍋邊冒小泡；接著把麵疙瘩放入，煮至湯汁大概收乾，沾附在麵疙瘩上。
5 最後撒上堅果碎及芝麻葉做為點綴。

橙燒鴨胸

材料

鴨胸　1片
（皮面切菱格紋）
茂谷柑　1顆
蘿蔔櫻　少許
小番茄　少許
小黃瓜　少許

鴨胸醃料

鹽　1小匙
黑胡椒　1小匙
橙汁　20ml

調味料

鹽　1小匙
黑胡椒　1小匙
橙汁　20ml

作法

1 將鴨胸的皮面用刀劃上菱格紋。
2 再用橙汁、鹽和黑胡椒醃漬20分鐘；接著將鴨胸皮面朝下放入鍋中，以中小火乾煎4分鐘。
3 接著翻面，倒入20ml的橙汁和1小匙鹽，轉成小火再煎10分鐘。
4 靜置10分鐘左右後再切成薄片。
5 將柑橘去皮切片、小黃瓜剖半、小番茄切圈，再放點蘿蔔櫻一起擺盤即可。

自己吃
or
多煮一點二人世界
（晚餐）

柚香山胡椒烤竹筍
涼拌蛤蜊＋鱈魚西京燒

柚香山胡椒烤竹筍

由於竹筍較難入味，因此要以先醃後煎的方式，讓竹筍將醬汁完全吸收入味。

⊃ 材料

去殼竹筍　300g

竹筍醃料

柚子醋　2大匙

味醂　1 1/2大匙

柚子胡椒　2小匙

飾底料

乾燥巴西利粉／山椒粉　少許

⊃ 作法

1 將已燙熟的竹筍切小塊後用醃料抓醃30分鐘。

2 鍋中放少許油，將醃好的竹筍入鍋，以中火煎4分鐘後翻面再煎3分鐘，直至竹筍呈金褐色即可起鍋。

TIPS

1 柚子胡椒是源自日本九州的一種特色調味料，以切碎的香橙皮混合青辣椒及鹽製成。柚子胡椒中的「柚子」，指的其實是香橙，外觀類似柑橘但味道酸香，通常不會生食，主要作為調味使用；而「胡椒」是九州的方言，指的是辣椒，我們熟悉的胡椒在當地稱為「洋胡椒」。

2 柚子胡椒風味獨特，微鹹微辣、散發著清爽辛香，在九州當地通常會用於火鍋、湯豆腐中，和醬油調在一起，即是無敵美味的沾醬，沾火鍋料、白灼的海鮮肉類都非常適合。

涼拌蛤蜊

蛤蜊洗過滾水澡後，一開口就立馬撈出；淋上酸辣開胃的涼拌調味、再撒點香菜，好吃到我以為自己在嗑瓜子，停都停不下來！

⊃ 材料

蛤蜊　25～30顆（約300g）

薑　2片

米酒　1小匙

蛤蜊調味料

蒜末　3瓣量

醬油　2大匙

白醋　1大匙

香油　數滴

辣椒末　1根量

香菜葉　少許

⊃ 作法

1 蛤蜊吐沙洗淨後，和薑片、米酒一起放入煮沸的水中煮至蛤蜊開口，撈出待用。

2 將涼拌蛤蜊用的調味料混和均勻後和煮好的蛤蜊攪拌在一起即可。

TIPS

蛤蜊吐沙

1 慢慢來：放到鹽水中（約500ML的水兑三大匙鹽），營造蛤蜊的生長環境，使之浸泡至少2～3小時。

2 有點…但稍微快一點：水裡放鹽（同TIPS 1）；再滴幾滴香油喇喇欸，把蛤蜊放進去靜置一小時後就可以了（蛤蜊會缺氧，因此加快吐沙速度）。

3 不到關鍵時刻不使用，急到不行的終極蛤蜊暈車大法：把蛤蜊加水放進密封的容器中，使勁搖晃兩分鐘，然後靜置幾分鐘，倒掉水，重復2～3次，直到水澄清即可。

鱈魚西京燒

將魚類（最常見是鱈魚）用西京味噌醃漬1～2天充分入味後，再用烤爐以炭火燒烤而成。少油少鹽，味道卻甘美鮮甜、醬香濃郁。

➜ 材料

鱈魚　1大片（約250g）

調味料
白味噌　1大匙
味醂　1大匙

➜ 作法

1. 味噌和味醂調成醃醬，均勻塗抹在鱈魚兩面，再放入冰箱冷藏至少1天，使之醃漬入味。

2. 取一張烘焙紙或是將錫箔紙稍微搓揉一下後攤開（錫箔紙搓揉後再用會更不容易沾黏）放在鍋中，刷上一層薄薄的油之後，將魚舖在上面，旁邊再加上一大匙水，最後開小火，然後加蓋燜燒8分鐘左右。

3. 記得要用廚房紙擦掉鱈魚上的水分和表面的味噌（如此一來鱈魚在燒製過程比較不容易燒焦），再於烘焙紙／錫箔紙上煎至兩面微微金黃，魚肉確實熟透即完成。

TIPS

1. 白味噌發酵時間短，鹽分低，口味甜中帶鹹，略有酒香，適合烹飪海鮮。西京味噌，就屬白味噌中的佼佼者。赤味噌由於發酵時間長，顏色發深，整體偏鹹偏辣，適合炒肉或燉煮。日本的東北一帶，因為氣候寒冷，人們就特別喜歡這種赤味噌。

2. 西京燒一般來說使用的是關西地區的白味噌，味道偏甜；如果一般超市買不到，可以改買信州味噌加上味醂或是糖。

女孩們的聚會最喜歡小巧精緻的食物了！做成一小份一小份的料理取用起來方便又優雅；而且每道都酸酸甜甜，最對女孩們的胃口了～

招待朋友一起吃！

（下午茶）

梅汁鹽麴四季豆雞肉串
甜辣蘋果花枝
櫛瓜茄子香柚捲

梅汁鹽麴
四季豆雞肉串

➡ 材料
四季豆　120g
雞胸肉　300g
雞胸醃料
紫蘇梅汁　1大匙
鹽麴　1大匙

橄欖油　1大匙
檸檬汁　1／2顆
胡椒粒　少許

➡ 作法
1 雞胸切成一口大小、四季豆切成4～5公分
　小段。
2 將雞胸與鹽麴還有紫蘇梅汁抓醃30分鐘。
3 把雞胸和四季豆串在一起，鍋中放油、雞胸
　四季豆串用中小火煎至雞肉熟透、表面略帶
　金褐色即可起鍋。
4 享用前可以擠點檸檬汁和撒上胡椒。

甜辣蘋果花枝

➡ 材料
花枝　200g
蘋果　100g
紫洋蔥　100g
蘿蔔櫻　20g
薄荷葉　少許

調味料
白酒醋　1大匙
鹽　1g
甜辣醬汁　依個人口味添加

➡ 作法
1 蘋果和紫洋蔥切絲、花枝切菱格紋。
2 先在鍋中放少許油，加入花枝，以中火煎1
　分半；再淋上白酒醋，轉大火，煎30秒，
　待醬汁收乾後即可起鍋。
3 將蘋果絲、洋蔥絲、花枝和蘿蔔櫻一起放進
　盤中，再淋上備好的甜辣醬即完成。

櫛瓜茄子香柚捲

🥬 材料

櫛瓜　2條（約300g）
茄子　1根
小番茄　20顆

蜜柚醬汁

葡萄柚　1／3顆
檸檬　1／2顆
洋蔥　1／4顆
椰糖　1／2大匙
鹽　1g
橄欖油　1大匙

調味料

鹽　1g
橄欖油　1大匙
黑胡椒　少許
帕瑪森起司　20g

🍽 作法

1 櫛瓜和茄子刨成薄片後撒點鹽；小番茄對半切。

2 將櫛瓜兩片、茄子一片交疊成長條；上面疊放兩顆對半切的小番茄後捲在一起。

3 把捲好的櫛瓜茄子捲放進烤皿中，淋上橄欖油、再磨點黑胡椒。

4 將烤皿放進以攝氏220度預熱完成的烤箱中烤15分鐘，接著取出後刨上20g的帕瑪森乳酪絲；再烤五分鐘。

5 將蜜柚醬汁用調理機打勻後，淋上烤好的櫛瓜茄子捲，最後刨點帕瑪森乳酪絲和葡萄柚皮屑點綴及增加香氣即可。

Part II

招待朋友一起吃！

（晚餐）

金針菇烤豆腐紙捲・綠竹筍排骨湯
醬煮透抽・雞蛋蒜蓉茄子燒

金針菇烤豆腐紙捲

疊成四折的千張紙，多了厚度也多了口感；經過調味後；絕對是道會被稱讚的美味呀！

➔ 材料

金針菇　200g
千張豆腐紙　4張
厚培根　4片
豆苗　60g
水蓮／蔥　4根

調味料
醬油　1大匙
蠔油　1大匙
味醂　1大匙
水　1大匙

➔ 作法

1　千張豆腐紙摺成四折後，放上培根，再疊上1／4的金針菇和1／4的豆苗，接著將豆腐紙捲起後用水蓮／蔥捆起來打結固定。

2　鍋中放少許油，用小火將金針菇豆腐紙捲煎至表面微微上色。

3　淋上所有的醬料後加蓋燜煮2分鐘，再開蓋轉大火煮一分鐘即可起鍋。

綠竹筍排骨湯

還記得小時候，只要到了夏天，就會纏著媽媽問：「外公要去山上挖竹筍了沒？」那時的夏日晚餐，我最期待的料理永遠是媽媽用外公在山上種的綠竹筍煮的那鍋又鮮又甜的竹筍排骨湯。說也好笑，直到長大到外地上大學，我才第一次知道，原來竹筍也是有苦的呀！現在，我只能自己邊煮竹筍湯，邊想念再也沒機會吃到的外公牌竹筍了…

材料

排骨 300g
綠竹筍去殼 250g
生米 1大匙
調味料
米酒 1大匙
水 蓋過食材的量
鹽 依個人口味而定

作法

1 排骨先放進冷水中煮滾，煮出浮末跟雜質後撈起待用。
2 竹筍燙過後去殼切小塊，與剛燙好的排骨、一匙生米、一根辣椒和一大匙米酒一起放入鍋中；倒入淹過食材的飲用水，中大火煮滾後，轉小火再煮20分鐘；起鍋前加入適量的鹽即完成。

好吃的竹筍這樣煮

1 竹筍一定要整支帶殼一起水煮，且水量一定要超過竹筍，才能緊緊鎖住筍肉的水分與甜味，以免口感變得乾澀。
2 冷水時就要下鍋並且加蓋燜煮，只要煮至聞到筍香味就表示可以關火了。因為溫度上升的過程，熱度會慢慢滲透至竹筍中心點而熱化，讓內部均勻熟透，且會隨著水溫的提升釋出本身的甜味。若直接放進滾燙熱水煮，反而會使竹筍間的細孔緊縮，讓苦味無法流失。
3 若是買到較老的竹筍，可以換水後再煮10～15分鐘，或是在水中加入少許生米跟辣椒即可。

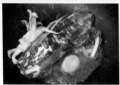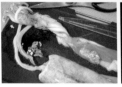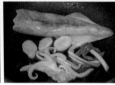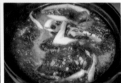

醬煮透抽

這道菜的靈感是來自於寧波的墨魚大燴;燴,是以文火慢煮入味的意思,與紅燒有點類似,但使用的火會更小。一般會用南乳汁(一種以紅麴發酵而成的腐乳醬)慢慢讓墨魚上色入味。這次我們直接用好取得的醬油來做這道料理,也是同樣美味喔!

➡ 材料

透抽　1尾(約300g);小的就準備兩尾以上
薑　3片
蔥　數支打結

調味料

米酒　2大匙
八角　2~3粒
冰糖　1小匙
醬油　2大匙
老抽　1小匙
水　300ml

➡ 作法

1 透抽用食物剪刀清理乾淨,去除內臟、眼睛、嘴部和軟骨。
2 鍋中放油、下薑片跟蔥結先爆香,再放入透抽,以小火翻炒1~2分鐘,變白色即可。
3 將冰糖以外的食材全部放進鍋中,煮滾後轉最小火燉煮40分鐘。
4 出鍋前加入冰糖調味,讓醬汁及透抽帶有光澤、口感也更溫潤,就可以出鍋。
5 將透抽撈出後切成圈,盛盤,再撒上蔥絲就完成了。

TIPS

1 道地的寧波做法是不撕掉墨魚皮的,因為墨魚皮富含膠質,能夠燴煮出果凍般濃稠的汁液,潤澤食材。
2 如果買到的是已經剝掉外皮的墨魚,又想要增加膠質,也可以學上海做法,加五花肉一起燴,肉皮的膠質和墨魚互相交融,吃起來黏嘴又滿足啊!當然這醬汁除了能燴墨魚,拿來燴五花肉、排骨,滋味也是一級棒唷!
3 燉煮的時候,可以改用深一點的小鍋,這樣醬汁較能淹過透抽,更容易上色;如果汁水無法沒過透抽,在煮的過程中記得翻面,讓透抽上色均勻。

雞蛋蒜蓉茄子燒

用微波的方式來處理茄子，是讓茄子的漂亮紫色完整保存的完美方法！

🔹 材料

茄子　1條
雞蛋　2顆
蒜　1顆（切末）
薑　1片（切末）
蔥　1支（切圈）
辣椒　1根（切圈）
白芝麻粒　2小匙
香菜　少許
調味料
醬油　2小匙
蠔油　1小匙
味醂　1小匙
紅椒粉　1小匙
辣椒粉　1小匙
黑胡椒粉　1小匙

🔹 作法

1 茄子洗淨後對半剖開再切成小段；放入微波爐以600W微波3分鐘（蓋上可微波的蓋子）。

2 放入少許油，將蒜末（留下一小匙待用）先煸香。

3 蒜末炒至金黃時，加入醬油及蠔油翻炒至上色；再加入紅椒粉、辣椒粉、黑胡椒粉和白芝麻；炒勻後就可以關火了。

4 在茄子上均勻鋪上炒好的蒜蓉醬，再次放入微波爐以600W微波1分鐘（蓋上可微波的蓋子）。

5 雞蛋打散後炒成碎蛋後起鍋；再將薑末、蒜末、蔥花和辣椒圈炒香。

6 將炒好的雞蛋、薑末、蒜末、蔥花和辣椒圈一起放在蒜蓉茄子上；最後點綴一些香菜就完成了。

Autumn

秋季餐桌

秋季
Part I

自己吃 or 多煮一點二人世界

早午餐

蒜香松露菇菇・生火腿酪梨捲

晚餐

板栗燒雞・鍋塌豆腐

招待朋友一起吃！

下午茶

紅酒甘栗雞翅・橄欖油漬鯛魚鍋

晚餐

美乃滋烤秋葵・豆腐丸子瘦肉水
蓮藕乾鍋雞翅・薄鹽秋刀魚

秋季
Part II

自己吃 or 多煮一點二人世界

早午餐

義式培根鱈魚洋芋捲・芥末籽薯曲奇

晚餐

西施豆腐・東坡茄子・貴妃雞翅

招待朋友一起吃！

下午茶

玫瑰桃膠銀耳燉奶・桂花糖藕

晚餐

酒香蛤蜊・糖醋藕丁・香茅豬肉串燒
田樂芝麻菇菇芋・梅煮秋刀魚

看似餐酒館會提供的料理，怎麼跑到早餐桌上呢？

Part I

自己吃
or
多煮一點二人世界

（早午餐）

蒜香松露菇菇・生火腿酪梨捲

你別管，我們的週末，從一早就開始備懶。

蒜香松露菇菇

材料

蘑菇 200g
蒜末 3～4瓣
檸檬 1片（切四等份）
調味料
松露醬 1大匙
鹽 1／2小匙
橄欖油 2小匙
胡椒 少許
義式香料 少許
辣椒香料 少許

材料

1 蘑菇不用洗，用廚房紙巾沾點水擦拭乾淨後切去底下粗硬蒂頭，並且對半切。

2 將2小匙橄欖油與蘑菇放入鍋中，均勻拌在一起；讓蘑菇表面看起來油亮。

3 接著放入蒜末與松露醬與鹽一起拌炒，讓蒜末成金黃色後便可以起鍋。

4 盛盤後撒上少許胡椒及香料，再放上檸檬片即完成。

生火腿酪梨捲

材料

生火腿 60g
酪梨 1顆
豆苗 少許
小麥胚芽粉 100g
蛋 1顆
起司粉 1大匙

作法

1 酪梨去皮去籽後切成八等份；蛋加上起司粉一起打散成起司蛋液。

2 將生火腿裹在酪梨上；沾附一層小麥胚芽粉、再沾附起司蛋液，最後再沾上一層小麥胚芽粉。

3 鍋中放一大匙油，以中火，用半煎炸的方式，不時翻面，讓酪梨捲煎至金黃即完成。

4 最後撒上一些豆苗當裝飾。

Part I

自己吃
or
多煮一點二人世界

（晚餐）

板栗燒雞 · 鍋塌豆腐

秋天若是沒吃到板栗燒雞這道菜就枉過秋天了。
光是食材的色澤就足以成為秋日料理的最佳代
言人啊！

而鍋塌，是魯（山東）菜獨有的烹調方法。
先煎後燉，把湯汁都緊緊鎖進食材裡；
用來處理魚、肉或是蔬菜，風味都非常濃厚。

板栗燒雞

⊃ 材料

土雞　半隻（切塊）
栗子　8～10顆
八角　2～3粒
薑　5片
調味料
花雕酒　1大匙
醬油　1大匙
老抽　1大匙
蠔油　1／2大匙
味醂　1／2大匙

⊃ 作法

1 鍋中放油，將薑片和八角爆香後，加入雞肉炒至沒有血色。

2 加入花雕酒，翻炒幾下，再加入栗子炒勻。

3 將醬油、老抽和蠔油一起放入鍋內，讓食材翻炒上色。

4 加入差不多醃過食材的水，蓋上鍋蓋，以中小火燜煮30分鐘。

5 開蓋，轉大火收汁；最後加入味醂讓食材味道更溫潤且有光澤感即可出鍋享用。

鍋塌豆腐

➔ 材料

板豆腐　1塊
蛋　1顆
蔥　1根
薑　2片
辣椒　1根
太白粉　1大匙

調味料

醬油　1大匙
蠔油　2大匙
香油　1小匙
味醂　1大匙
鹽　1／2小匙

➔ 作法

1　薑切絲、蔥和辣椒切圈。

2　豆腐切成長厚片，再撒上太白粉抹勻。

3　雞蛋打散，將豆腐均勻裹上蛋液。

4　鍋內放入少許油，將豆腐煎至兩面金黃後起鍋待用。

5　鍋內再次放入少許油，加入薑絲、蔥花和辣椒圈煸香。

6　接著把豆腐重新入鍋；加入醬油、蠔油和淹過豆腐的水；以小火煮至沸騰後，撒上鹽和味醂再以小火慢煨10分鐘左右。

7　熄火後，淋點香油在豆腐上即可盛盤。

TIPS

1　豆腐先用熱水泡10分鐘，再用冷水泡5分鐘。可以防止豆腐碎掉，還能去除豆腥味；或者直接放到鹽水裡泡，也可以達到一樣的效果。

Part 1

招待朋友一起吃！

（下午茶）

紅酒甘栗雞翅
橄欖油漬鯛魚鍋

就算只有兩道菜，
一端上桌，
還是能讓家裡的小貴客們
覺得心滿意足。

紅酒甘栗雞翅

🔄 材料

雞翅中　12支
栗子　6顆
磨菇　6朵
馬鈴薯　1顆
大蒜　2瓣
洋蔥　1顆
雞翅醃料
鹽　少許
胡椒粉　少許
調味料
白蘭地　1大匙
紅酒　100ml
水　400ml
奶油　10g
橄欖油　2小匙
番茄糊　150g
月桂葉　2片
肉豆蔻　2顆

🔄 作法

1 將雞翅撒上鹽和黑胡椒後,將雞翅用奶油及橄欖油煎至表面變色,轉大火,倒入白蘭地加熱至酒氣揮發後將雞翅撈起待用。

2 蘑菇不用洗,用廚房紙巾沾點水擦拭乾淨後切去底下粗硬蒂頭,並且對半切;洋蔥切絲;馬鈴薯去皮後切成塊;大蒜切成片。

3 用剛剛煎雞翅剩下的油將磨菇和洋蔥炒軟、大蒜呈金黃色。

4 將所有食材全放進鍋中,再加入紅酒、水、月桂葉、肉豆蔻和番茄糊;以小火慢燉一小時,直至馬鈴薯和栗子變軟即可。

橄欖油漬鯛魚鍋

🔁 材料

材料
鯛魚片　2大片
馬鈴薯　1顆（150g）
甜椒　2顆
番茄　1顆
青辣椒　1根切圈
蒔蘿　少許
白酒　2大匙
水　2大匙

油漬醃料
洋蔥末　1顆
檸檬片　1顆
黑胡椒粒　1小匙
橄欖油　3大匙
大蒜泥　1瓣
蒔蘿　4小支（飾頂）

🔁 作法

1 將鯛魚先放在油漬醃料中醃漬過夜。

2 馬鈴薯洗淨去皮後切成薄片；甜椒切成圈；番茄底部劃十字後，放入滾水中汆燙，接著再放入冰水裡冷卻、去皮切塊。

3 將馬鈴薯、甜椒、番茄和油漬鯛魚一起放進鑄鐵鍋中；剩下的油漬液也一起放進鍋中。

4 最後倒入白酒與水，轉中小火燜30分鐘，熄火後擺上蒔蘿即完成。

Part I

招待朋友一起吃!

(晚餐)

豆腐丸子瘦肉水・美乃滋烤秋葵
蓮藕乾鍋雞翅・薄鹽秋刀魚

美乃滋烤秋葵

裹著美乃滋的秋葵從烤箱出爐後，就像是加了起司一起焗烤般的誘人！

➜ 材料

秋葵　20根

調味料

美乃滋　2大匙
醬油　1／2小匙
唐辛子　1小匙

➜ 作法

1 秋葵洗淨，用少許鹽搓揉，去除表面絨毛，再次沖洗乾淨後削下蒂頭的粗硬纖維。
2 處理好的秋葵裝入碗中，拌入所有的調味料，輕輕晃動，讓油可以均勻裹在秋葵上。
3 將秋葵放入以攝氏220度預熱完成的烤箱中烤8～10分鐘即完成。

豆腐丸子瘦肉水

瘦肉水是一道廣東的家常料理；是用瘦肉片或肉末在冷水中浸泡兩小時以上，再加上一點鹽和薑，隔水燉或者直接煮出來的湯。因為做法簡單，且湯清澈似水，所以叫瘦肉水。

➜ 材料

瘦肉水	調味料
豬里肌肉片　200g	蠔油　1大匙
薑絲　2片量	醬油　1大匙
鹽　1小匙	米酒　1大匙
莆田豆腐丸子	白胡椒　1／2小匙
板豆腐　1塊	鹽　1／2小匙
瘦豬絞肉　300g	地瓜粉　100g
雞蛋　1顆	
蝦仁　50g	
薑末　3公分	
芹菜末　3根	
香菇碎　50g	

➜ 作法

瘦肉水

1 豬里肌用飲用水浸泡2～3小時。
2 豬肉撈起後與兩片薑，1小匙鹽一起放入鍋中以小火慢煮40分鐘即完成。

豆腐丸子

1 板豆腐先捏碎再加入其他的食材和調味料一起抓勻。
2 將調好的豆腐肉泥捏成丸子狀，再均勻地裹上地瓜粉。
3 將水燒開後轉小火，小心放入豆腐丸子；以小火煮到豆腐丸子浮起來後撈出，再放進剛煮好的瘦肉水裡就能一起享用啦！

蓮藕乾鍋雞翅

最喜歡和三五好友在家品酒聊天了，若是沒有好的下酒菜這怎麼說得過去呢？！別忘了，有了這道菜，飯也得多準備一點。

➲ 材料

雞翅　12～15支
馬鈴薯　1顆
蓮藕　1節
乾辣椒　5根
薑　3～4片
蒜　2瓣

調味料

辣豆瓣醬　2大匙
鹽　1小匙
米酒　2大匙

➲ 作法

1 馬鈴薯和蓮藕切成薄片、雞翅在表面劃二～三刀，方便醃漬入味。

2 雞翅用鹽及米酒醃製30分鐘。

3 鍋內放少許油和雞翅；以小火、蓋上鍋蓋，將煎雞翅正反兩面各燜煎五分鐘。

4 取出煎好的雞翅，用鍋裡煎出的雞油，放入馬鈴薯片和藕片翻炒三分鐘後起鍋待用。

5 再將豆瓣醬放進鍋中，與薑蒜末和乾辣椒一起煸香，接著加入雞翅，翻炒至上色，就可以把馬鈴薯和藕片也倒進鍋中。

6 土豆、藕片舖墊在鍋底，上面排上雞翅，蓋上鍋蓋，再用小火烘一分鐘就可以開蓋上桌了。

薄鹽秋刀魚

秋刀魚在秋季開始產卵，還沒真正進入寒冬的台灣，市場上到處能看到肥美的秋刀魚！這個季節的秋刀魚除了肥美，肉質還十分緊實，一口咬下就能嚐到旨味；擠點酸酸的檸檬汁一起吃，一點也不腥；配上蘿蔔泥，清爽又令人回味啊～

➲ 材料

秋刀魚　1尾

調味料

鹽　少許（約1克）
白胡椒粉　少許（撒個幾下）
油　少許（約5克）

➲ 作法

一張烘焙紙

1 將洗乾淨的秋刀魚，攔腰斜切成兩段（不切也行）；剖開魚腹，去除內臟後沖洗乾淨。

2 在秋刀魚身上抹上薄鹽和白胡椒粉，靜置30分鐘。擦去魚身表面滲出的水分後，再用廚房紙巾或刷子沾少許油輕輕抹在魚身上（或是使用噴油瓶均勻噴上少許油），正反兩面都要。

3 取一張烘焙紙舖在鍋內，紙不要超出鍋沿，避免不小心轉到大火燒起來。

4 放入秋刀魚，中火煎3～5分鐘，中間翻面一次（當一面煎到微黃，就可以翻面）。將兩面都煎到金黃後即可出鍋。白蘿蔔削皮用尾端磨成泥，擠掉水分；檸檬切片。再將檸檬、蘿蔔泥和秋刀魚一起盛盤就能上桌了！

TIPS

1 秋刀魚的內臟去除後，魚的腥味就會少掉一大半了；建議可以使用廚房剪刀，讓你事半功倍。

2 檸檬和蘿蔔泥除了能增添美味，秋刀魚因為容易烤焦產生致癌物，檸檬中的維生素 C 和蘿蔔中的消化酶還能幫忙緩解。

Part II

自己吃
or
多煮一點二人世界

（早午餐）

義式培根鱈魚洋芋捲
芥末籽薯曲奇

今天花點心思
來做個稍稍華麗的早午餐吧！
慰勞慰勞那個辛苦了一週
還在補眠的另一半♥

義式培根鱈魚洋芋捲

➥ 材料

培根　6〜8片
鱈魚（可換成大比目魚）　1片（約300g）
中型馬鈴薯　1顆（約150g）
乳酪絲　30g
調味料
鹽　1／2小匙
黑胡椒　少許

➥ 作法

1 先將鱈魚抹上鹽；馬鈴薯去皮切小塊；一起入鍋以大火蒸15〜20分鐘。
2 蒸好的鱈魚小心去除魚皮和魚刺後壓成肉碎；馬鈴薯也壓成泥。
3 將魚肉、馬鈴薯泥和乳酪絲混和攪拌均勻後平舖在培根上；撒上黑胡椒；慢慢捲起。
4 捲好的培根鱈魚洋芋捲以封口朝下，放入鍋中；用中小火煎至表面上色即完成。

芥末籽薯曲奇

➜ 材料

馬鈴薯　300g

調味料

奶油　15g
黑胡椒粒　2g
芥末籽醬　1大匙
辣椒香料　1大匙
牛奶　20g

➜ 作法

1 馬鈴薯去皮切小塊；以大火蒸15～20分鐘。

2 將所有調味料和蒸熟的馬鈴薯一起壓成泥、拌勻；變成滑順無顆粒狀。

3 再將做好的馬鈴薯泥放入擠花袋中；配上一個喜歡的花嘴；在鋪好烘焙紙的烤盤上擠出一朵朵可愛的馬鈴薯小花。

4 最後送進以攝氏200度預熱完成的烤箱下層，先烤20分鐘；再放到上層烤10分鐘就完成了。

Part II

自己吃
or
多煮一點二人世界

（晚餐）

西施豆腐
東坡茄子．貴妃雞翅

西施豆腐

➔ 材料

嫩豆腐　1塊
豬里肌肉　150g
竹筍　1個
黑木耳　5朵
香菇　3朵
金針菇　100g
米酒　1小匙
蔥　少許
調味料
水　100ml
高湯　500ml
鹽　1／2小匙
烏醋　1大匙

➔ 作法

1 豆腐、竹筍、瘦肉、香菇切丁，黑木耳切絲、金針菇切小段。

2 鍋內放少許油、加入瘦肉炒至表面變熟後，再放入米酒一同拌炒。

3 接著加入香菇、木耳；炒至香菇微微變色後，再加入竹筍，繼續翻炒。

4 最後將豆腐和金針菇入鍋，稍微拌勻。

5 倒入淹過食材的高湯，以大火煮滾後，加鹽和烏醋調味，再撒上蔥花即可。

TIPS

這其實是一道浙江諸暨的宴客名菜；當地人逢年過節或婚慶喜宴一定要做上這道菜。據說這菜最早是從紹興的山粉豆腐傳過來的；一開始的配料和做法都比較單調，只在豆腐中放點豬油渣，再勾個芡就能上桌。後來諸暨人升級了配料；加了肉絲、筍絲、蘑菇等食材。於是乎，山粉豆腐也就升級為西施豆腐了。

東坡茄子

🍴 材料

日本圓茄　2個
瘦豬絞肉　200g
蔥　半根
薑　3公分
蒜　2～3瓣
香菜　少許
調味料
醬油　2大匙
味醂　1大匙
太白粉　1小匙
清水　100ml

🍴 作法

1. 茄子洗淨去蒂後，切成厚塊，用刀在茄子切面上劃出九宮格。

2. 鍋中放少許油，再放入茄子塊。小火煎到茄子刀痕膨脹，茄子切面變金黃後撈出。

3. 蔥、薑、蒜切成末後入鍋中煸出香味，將豬絞肉下鍋翻炒到變色，加入清水、放醬油和味醂調味。

4. 鍋中的湯汁先舀出來，待會勾芡備用；接著將炒好的肉末鋪在茄塊上，用大火蒸10分鐘。

5. 剛剛撈出的湯汁加入太白粉、調成勾芡汁，加熱至濃稠透明狀；再將熱騰騰的芡汁淋在茄塊上，撒上香菜就完成了。

TIPS

這道菜的重點是一樣要選用日本（燈籠）圓茄才能切出來的大塊口感；經過細細燉煮，就像東坡肉一樣軟嫩美味。如果蘇東坡在世，肯定也是嘴饞到不行啊！

貴妃雞翅

🍴 材料

雞翅　10隻
胡蘿蔔　1根
高湯　600ml
紅酒　50ml
薑　3片
大蔥　1根
花椒　2小匙（約20粒）

雞翅醃料

花雕酒　1大匙
鹽　1小匙
黑胡椒　少許

調味料

鹽　1／2小匙

🍴 作法

1 雞翅先用花雕酒、鹽和黑胡椒抓醃30分鐘。

2 薑切片、蔥切段、胡蘿蔔切片或壓成花型。

3 薑、蔥和花椒先下鍋用少許油煸香；再放入雞翅翻炒至上色；接著放入胡蘿蔔拌炒。

4 將高湯及紅酒倒入鍋中；以小火將雞翅煨煮至上色且入味；最後開大火將醬汁收乾；起鍋前撒上1／2小匙鹽調味一下即完成。

Tips

這道菜其實是在民國時期的上海，有一位叫做顏承麟的名廚所發想的；靈感源自於京劇裡的《貴妃醉酒》；而這道菜當初的原名叫做京蔥貴妃雞。只是現在各大餐館都各自變化成自家的口味，我的也是咩家味；不喜歡酒味的人可以把酒改成可樂；只是這麼一來，貴妃也就不醉酒了。

招待朋友一起吃！

（下午茶）

玫瑰桃膠銀耳燉奶
桂花糖藕

比起西式甜點，我更愛中式點心。因為老祖宗的智慧就是讓我們嘴裡吃的甜甜、皮膚也會美美呀！

你瞧，打開盅蓋，暖暖的奶香撲面而來，聞著就幸福感滿滿啊！再夾一片糖藕，這下午的幸福指數已爆棚。

玫瑰桃膠銀耳燉奶

➤ 材料

新鮮銀耳　1朵
牛奶　1500ml
桃膠　45g
調味料
有機乾燥玫瑰　少許
蜂蜜　50g

➤ 作法

1 桃膠稍微清洗後，用溫開水浸泡一夜，泡發至膨脹沒有硬塊。

2 浸泡過的桃膠，雜質基本上都已經沉底了；再次清洗一次，讓雜質徹底清除乾淨（洗不掉的可用小鑷子夾除）。

3 新鮮銀耳清洗乾淨後撕成小朵；將桃膠、銀耳放進燉盅，再倒入牛奶。

4 大火燒開水後，燉盅放入轉小火蒸40分鐘。

5 稍微放涼；加入適量的蜂蜜；再撒點玫瑰花瓣做點綴即完成。

桂花糖藕

🍃 材料

蓮藕　兩節（洗淨削皮）
糯米　1杯（我這次用燕米）
冰糖　100〜150g（依個人口味而定，我用了120g的羅漢果糖）
桂花　少許

🍃 作法

1　將蓮藕洗淨削皮後，從頂端約1公分處切開當蓋子（可以切一端或兩端都行，我習慣切兩端是因為這樣可以確實將米粒塞滿）。

2　將洗好的米用牙籤輔助塞入蓮藕的孔洞裏（用糯米的話記得要先將糯米至少浸泡2小時）；確實塞好塞滿後，將上蓋蓋回去，並用牙籤固定避免蒸煮過程米粒流出。

3　可以用電鍋反覆蒸至蓮藕變成Q彈；或是使用密閉性高、傳導性好的土鍋或鑄鐵鍋，以小火加蓋燉煮，約2小時即完成（將蓮藕放入鍋中，水淹沒蓮藕即可）。

4　接著來蜜蓮藕。有兩種作法：

　A.蓮藕先切片，再把糖均勻放在藕片上，用蒸的方式讓蓮藕出汁，這時候藕汁跟糖結合變成糖水，再次被蓮藕吸收回去（原汁化原食的概念）。

　B.將煮藕的原鍋中直接加入糖，慢慢熬煮；湯裡有蓮藕跟米粒釋放出的澱粉，跟糖結合在一起會越煮越稠（如果用冰糖會更稠）。煮到湯水變黏稠時，取一個保鮮盒，把蓮藕放進去後，再用煮好的黏稠糖水淹沒它，浸泡一晚上使之入味。

5　享用前再切成薄片即可。

秋日的周末夜晚就是要和知心好友們一同品嚐各種佳餚，
尤其是從你手中端出的料理，道道都屬佳品呀！
而且我們秉持著完全不浪費任何一丁點食材、
將食材發揮得淋漓盡致的最高原則！

招待朋友一起吃！

（晚餐）

酒香蛤蜊・糖醋藕丁
香茅豬肉串燒・田樂芝麻菇菇芋
梅煮秋刀魚

酒香蛤蜊

➡ 材料

蛤蜊　250g
龍鬚菜　50g
清酒　70ml
蒜末　2瓣量
辣椒　1根量
調味料
奶油　5g

➡ 作法

1 辣椒切圈、蒜瓣切末。

2 鍋中放入一大匙橄欖油，接著放入蒜與辣椒煸香。

3 接著將吐沙完成的蛤蜊入鍋、再倒入70ml的清酒；蓋上鍋蓋，以小火燜煮到蛤蜊殼張開；再用流出的湯汁將龍鬚菜拌炒一分鐘即可。

4 最後放上一小塊奶油等它化開，即可上桌。沒有清酒，也可以用白葡萄酒替代，美味絲毫不減。

糖醋藕丁

➜ 材料

蓮藕　500g（約2節）
蒜末　2～3瓣
蔥花　少許

調味料

鹽　1小匙
椰糖　1大匙
白醋　2大匙
醬油　1大匙
味醂　1大匙

➜ 作法

1　蓮藕洗淨後，去皮切小丁。
2　煮一鍋水，將切好的藕丁放進滾水裡汆燙
　　30秒，撈出待用（燙過的藕丁，口感會更
　　爽脆）。
3　將糖、鹽、醬油、白醋、味醂，調成糖醋
　　醬。
4　鍋中放少許油，下蒜末煸香；接著放入藕丁
　　翻炒成金黃色就可以將糖醋醬倒入。
5　拌炒至蓮藕均勻上色且醬汁大略收乾及可以
　　起鍋。

香茅豬肉串燒

➜ 材料

豬絞肉　360g（半肥半瘦）
香茅　10根
蔥末　1根量
蒜末　3瓣量
香菜　少許

調味料

魚露　1／2小匙
鹽　1小匙
黑胡椒　少許
蜂蜜　1大匙

➜ 作法

1　將香茅最底部切掉；再將底部約6～7公分
　　的區塊切成末，剩下的部分直接當串籤。
2　將豬絞肉與所有調味料，以及蒜末、蔥花和
　　香茅末一起攪拌揉捏至產生黏性。
3　將攪打完成的絞肉捏成球、串在剛剛剩下的
　　香茅上；再放入以攝氏250度預熱完成的烤
　　箱中烤10分鐘；刷上蜂蜜後再烤5分鐘即可
　　取出並撒上香菜葉享用。

TIPS

香茅是非常具有個人特色的香草植物；這道料理
除了直接將它與雞肉混和在一起；還了用香茅當
成串籤；除了好看、還會讓這迷人的氣味在料理
中變得更加濃郁。

田樂芝麻菇菇芋

➲ 材料

香菇　　100g
芋頭　　100g
蒟蒻球　100g
白芝麻粒　少許
調味料
高湯　2大匙
味噌　2大匙
味醂　1小匙

➲ 作法

1　戴手套將芋頭削皮後切三角塊、香菇頂部刻花；蒟蒻以沸水汆燙兩次，將鹼水的味道去除。

2　調味料混和攪拌後均勻塗抹在香菇芋頭蒟蒻串上。

3　烤箱以攝氏200度預熱完成後，將香菇芋頭蒟蒻串放入烤箱下層烤20分鐘後再移到上層用攝氏220度烤10分鐘。

4　出爐後撒點白芝麻即可上桌。

梅煮秋刀魚

🔁 材料

秋刀魚　1條
薑片　4片
香菇　4朵
梅子　2顆
飲用水　250ml
調味料
梅子醬油　2大匙
味醂　2大匙
清酒　2大匙

🔁 作法

1 秋刀魚沿著頭部斜切，拉出內臟洗淨，用廚房紙擦乾水分，切成3段。
2 鮮香菇去蒂頭，頂部刻花。
3 鍋中放水和所有調味料；再把秋刀魚、薑片和梅子一起放入鍋中。
4 煮滾後，蓋上鍋蓋、轉小火慢慢燉煮30分鐘，放入香菇再煮10分鐘即完成。

TIPS

1 秋刀魚吸收了梅香和醬汁，腥味早已化為雲煙，只留鮮美。
2 和普通的鹽烤不一樣，梅煮秋刀魚入口後，能嚐到酸、甜、鹹、鮮、香，不同的風味融和在一起，迷人到不行。

Winter
冬季餐桌

自己吃 or 多煮一點二人世界

早午餐
美齡燕米粥．乳酪綠花椰地瓜球

晚餐
蛤蜊泡菜豆腐鍋．韓式烤肉

招待朋友一起吃！

下午茶
白蘭地蜂蜜嫩豬排．厚切蔬菜烤培根

晚餐
雲南老奶奶洋芋．無水菇菇烤排．溫州敲蝦．豆乳燉菜

自己吃 or 多煮一點二人世界

早午餐
牛肉蘿蔔晶瑩餃．鮮蝦蛋花疙瘩湯

晚餐
彩色番茄鯛魚．蒜粒九層塔菇菇雞腿

招待朋友一起吃！

下午茶
起司馬鈴薯盒子．番茄培根暖心湯

晚餐
牛肉豆腐燒．美乃滋生薑烤鯖魚
胡蘿蔔豆皮捲．香煎山藥

自己吃
or
多煮一點二人世界
（早午餐）

美齡燕米粥
乳酪綠花椰地瓜球

第一次嚐到美齡粥是在南京，它的名字有個美麗的典故。據說當初有陣子宋美齡女士茶飯不思、胃口一直不振；宅府裡的廚師就用香米和豆漿熬了一鍋粥，宋美齡女士試過之後胃口大開。後來這個粥的食譜就傳到民間，便有了「美齡粥」之名。

另外，我們還可以同時做一道健康又沒負擔的點心一起搭配。不知道民國初期的舊時光是否也如此美好呢？

美齡燕米粥

🥢 材料

燕米　100g
新鮮蓮子　20g
山藥　100g
豆漿　1000ml
枸杞　少許
有機乾燥玫瑰花瓣　少許

調味料
冰糖　30g

🥢 作法

1 山藥洗淨、去皮後蒸熟；用叉子壓成泥，
　（不用壓得太細，可以稍微留點塊狀會更
　有口感）。

2 燕米洗淨後與山藥、新鮮去籽的蓮子一起
　放入鍋中。

3 接著加入無糖豆漿，以中火煮至沸騰，再
　轉小火熬煮40分鐘。

4 期間需時常攪拌，小心不要煮到燒焦；40
　分鐘後，加入冰糖攪拌至融化即可熄火。

5 可用溫水泡開枸杞或是直接使用乾燥玫瑰
　花瓣當作頂飾。

TIPS

使用燕米來取代一般在這道料理中會使用的白米
或糯米；讓各位在養顏美容之外，也能吸收到更
多膳食纖維和蛋白質；並且更有飽足感。

乳酪綠花椰地瓜球

➜ 材料

地瓜　200g（去皮）

綠花椰　100g（只留花蕾）

乳酪絲　30g

蛋　1顆

低筋麵粉　20g

燕麥片　60g

調味料

鹽　2g

蜂蜜　2大匙

➜ 作法

1 地瓜蒸熟後壓成泥、綠花椰菜去梗只留花蕾，燙熟後用調理機打成碎狀。

2 將地瓜泥與花椰菜碎混和均勻、加入鹽和蜂蜜後分成六等份。

3 花椰菜地瓜泥揉成球後壓扁；在上方放上5g的乳酪絲，再次包裹起來捏成球。

4 花椰菜地瓜泥球先在表面裹上少許麵粉、再浸入打散的蛋液中、接著在表面沾上燕麥片。

5 最後送進以攝氏180度預熱完成的烤箱中烤15分鐘即完成。

TIPS

1 沒有用完的麵粉和燕麥片可以與蛋液一起混和成麵糰，烤／煎成餅。

自己吃
or
多煮一點二人世界

（晚餐）

蛤蜊泡菜豆腐鍋
韓式烤肉

把蛋黃戳開的那一瞬間，湯匙已經準備好了；冷冷的冬日，心裡想送進嘴裡的第一口美味絕對是熱呼呼的暖湯啊！

用奇異果與梨子醃過的烤肉會有自然的甜味，而且肉還會變得更加軟嫩。別忘了準備幾片生菜葉，包著烤肉一起享用喔！

 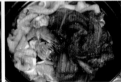 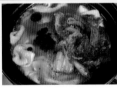 

蛤蜊泡菜豆腐鍋

🍲 材料

韓式泡菜　100g
嫩豆腐　半盒
豬里肌肉片　100g
蝦　6尾
洋蔥　半個
雞蛋　3個
蛤蜊　10顆
高湯／米湯　800ml
青辣椒　1根
紅辣椒　1根
大蔥　半根
蒜片　2瓣量
雞蛋　1顆
鴻喜菇　50g

調味料
韓式辣椒粉　3小匙
醬油　1小匙
香油　2小匙
鹽　1小匙

🍲 作法

1 鮮蝦洗淨去蝦腸、洋蔥切丁、辣椒切圈、蔥切段、大蒜切末、豆腐切塊，鴻喜菇切去根部。

2 鍋內放少許油，接著放入洋蔥丁、辣椒圈、末和蔥段炒出香味。再加入肉片、鮮蝦、蛤蜊和韓式泡菜。

3 倒入高湯或米湯、加入鹽、醬油、香油及辣椒粉調味。

4 再加入嫩豆腐，用中小火燉煮10分鐘。

5 最後放入鴻喜菇、打入雞蛋，再煮2分鐘即完成。

TIPS

米湯是指最後一次洗米所濾出的水；因為水中帶有澱粉，可以讓湯底變得濃厚。

韓式烤肉

☺ 材料

牛梅花肉片　250克
鴻喜菇　50g
洋蔥　1顆
蔥　1根
辣椒　1根

調味料

奇異果　1顆
梨子　1／3顆
韓式辣醬　1大匙
韓式辣椒粉　2小匙
醬油　2大匙
蜂蜜　2小匙
蒜泥　1小匙
薑泥　1小匙
白芝麻粒　1大匙

☺ 作法

1 奇異果切小塊、梨子切絲，再與蒜泥、薑泥、韓式辣醬、韓式辣椒粉、醬油、蜂蜜與白芝麻粒一起調成醬汁。

2 洋蔥切絲、辣椒切圈、蔥切段、鴻喜菇切去根部後，與牛肉一起用剛調好的醬汁醃製4小時以上（隔夜為佳）。

3 鍋中放入一匙油、將醃好的食材全部下鍋翻炒。

4 炒至肉熟、洋蔥及蔥段都變軟後即可出鍋。

5 直接享用，或是搭配生菜葉一起吃都非常美味。

TIPS

醃漬的時候，水果的部分也可以換成蘋果；更有些人會直接加入雪碧；這些都是可以讓肉質更軟嫩、同時也能降低辣度的好方法。

厚切蔬菜烤培根和普羅旺斯燉菜（Ratatouille）長得很像。但蔬菜切得更厚一些，水分也能多保留下來一點。再加上培根的香氣，我覺得你和朋友們都會喜歡這道料理的！

表面上加入白蘭地這個步驟是為了把豬排這道菜提升到另一個檔次；但背後的祕密其實是中午就開始酗酒這實在是有點說不過去；別擔心，加進菜裡不就好了（噓）

Part 1

招待朋友一起吃！

（下午茶）

白蘭地蜂蜜嫩豬排
厚切蔬菜烤培根

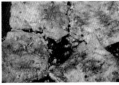
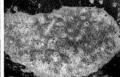

白蘭地蜂蜜嫩豬排

🍴 材料
豬排（里肌帶梅花）
300g
洋蔥　半顆
芝麻葉　1小把
粉紅胡椒粒　少許

豬排醃料
黑胡椒粒　1小匙
粉紅胡椒粒　1小匙
蜂蜜　1大匙
蛋　1顆
伍斯特醬　1大匙

豬排醬汁
奶油　15g
中筋麵粉　1大匙
伍斯特醬　1大匙
白蘭地　1大匙

🍴 作法
1　將豬排斷筋後再用刀背敲鬆。
2　豬排以醃料先行醃製1小時以上，隔夜為佳。
3　洋蔥切絲後炒軟待用。
4　鍋內放少許油、將豬排以小火煎至兩面上色；淋上白蘭地，加蓋燜煎2分鐘，中間翻面一次；接著開蓋以中大火燒30秒。
5　鍋子擦拭乾淨後放入奶油，以小火使之融化；放麵粉炒至與奶油融合成金黃色、再加入伍斯特醬拌勻。
6　最後放入豬排讓醬汁均勻沾附即可起鍋。
7　將豬排放於炒好的洋蔥上、點綴一些芝麻葉及粉紅胡椒搭配享用。

TIPS

這道菜其實有點偷用炒奶油麵糊（ROUX）的技巧，使用奶油與麵粉1：1的比例去炒製醬汁。若是對麩質過敏，也可以換成米做的米粉（rice flour）。

厚切蔬菜烤培根

🍴 材料

厚培根　80g
茄子　1～2條
雙色櫛瓜　4條
番茄　4顆
橄欖油　2大匙
調味料
黑胡椒　少許
鹽　少許

🍴 作法

1 將茄子、櫛瓜及番茄切成1～1.5公分的厚片；厚培根也切成與蔬菜直徑差不多的寬度。

2 取一個烤皿；以茄子、雙色櫛瓜與番茄的順序繞圈排列；再將培根緊緊夾在縫隙中填滿。

3 以繞圈的方式淋上兩大匙橄欖油、再撒上鹽及黑胡椒；送進以攝氏200度預熱完成的烤箱中烤20分鐘即可出爐。

TIPS

1 蔬菜故意不切太薄、是希望蔬菜經過較長時間的高溫烘烤後，除了味道更加濃郁，鮮甜與多汁一樣保留下來。

Part 1

招待朋友一起吃！

（晚餐）

雲南老奶奶洋芋
無水菇菇烤排 · 溫州敲蝦
豆乳燉菜

  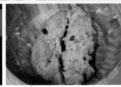 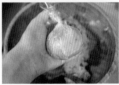

雲南老奶奶洋芋

老奶奶洋芋，是雲南一種用馬鈴薯泥和辣椒、酸菜一同炒製的特色小吃。這個名字的來由，不是因為是老奶奶做的，而是形容將馬鈴薯處理到非常軟糯，即使牙都沒了的老奶奶也能吃得津津有味。

🍴 材料

馬鈴薯　2顆　　　　調味料
蔥花　少許　　　　　鹽　1g
辣豇豆　1大匙　　　　花椒粉　少許
　　　　　　　　　　胡椒粉　少許

🍳 作法

1 馬鈴薯洗乾淨切小塊後蒸到軟爛，用叉子壓成泥。
2 馬鈴薯泥中加入鹽、胡椒粉、花椒粉和辣豇豆攪拌均勻。
3 鍋中放少許油，將馬鈴薯泥翻炒均勻，炒香後出鍋稍微放涼。
4 再將馬鈴薯泥分小份、再用保鮮膜當做茶絞巾，揉捏成球狀。
5 上桌前撒點蔥花和花椒粉就完成了。

TIPS

辣豇豆也可以換成榨菜、酸菜、任何一種醃漬過、口感較脆的漬菜，都會十分美味。

無水菇菇烤排

這道料理真的一滴水都沒加就能鮮美多汁到不行！別忘了，香菇多準備幾朵呀！

❸ 材料

豬小腩排　500克
菇類　300克（可以選用你喜歡的菇種，照片中用了香菇跟杏鮑菇）
醬油　1大匙
蠔油　1大匙
米酒　1大匙

❺ 作法

1 先將小腩排用醬油、蠔油及米酒抓醃十分鐘。

2 除去菇柄、整齊將菇鋪在底層。

3 再將排骨往上堆疊。

4 最後再鋪上一層菇，上蓋，小火燜煮20分鐘即完成。

TIPS

1 製作這道料理最好能準備一只砂鍋／鑄鐵鍋／塔吉鍋；由於這些鍋種的密閉性較好、導熱較慢，才讓菇菇能充分出水、燜熟排骨。

2 可依個口味添加辣椒。

  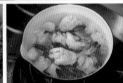 

溫州敲蝦

「敲」這種食材處理方法，應該是江浙地區的特色，別的地方比較少見。江浙菜裡以「敲」出名的，還有浙江縉雲的敲肉羹，再來就是溫州的敲魚敲蝦了。

🦐 材料

蝦　10尾

蝦子醃料
料酒　1小匙
鹽　1g
白胡椒　1g
彩椒　150g
紫洋蔥　1／4顆
（約100g）
薑片　3～4片

調味料
烏醋　1大匙
醬油　1大匙
味醂　1大匙
白胡椒　1大匙
鹽　1g

🍳 作法

1　紫洋蔥和彩椒切片；蝦子去頭、去殼、去蝦線。

2　蝦子洗淨後接著從腹部開一刀、加入米酒、鹽和白胡椒抓醃15分鐘。

3　醃好的蝦子雙面沾上地瓜粉；再用刀背或是桿麵棍把蝦肉敲扁；可以邊敲邊撒粉，小心別太用力敲破。

4　敲好後燒一鍋滾水，直接將蝦子放入熱水裡汆熟；蝦尾變紅，蝦肉變不透明，便立刻撈起，再過冰水讓肉質變緊實。

5　鍋中放油、加入紫洋蔥和薑片煸香。

6　接著放入蝦片和彩椒；再加入鹽、烏醋、味醂和白胡椒，轉中大火將醬汁收乾後即可出鍋。

TIPS
由於這道菜會先將蝦肉炒熟，因此紫洋蔥在鍋中待的時間並不長，不用擔心美麗的紫洋蔥會變成醜醜的灰紫色。

豆乳燉菜

可以把它看作奶油燉菜的健康版本；一樣濃郁迷人、但熱量卻善解人意許多。

🍲 材料

花椰菜　100g
馬鈴薯　80g
胡蘿蔔　80g
番茄　1顆（60g）
蘑菇　5朵（50g）
甜椒　100g
洋蔥　1／2顆（100g）
玉米筍　3根（50g）
南瓜　100g

調味料

高湯　300ml
豆乳　500ml
胡椒鹽　少許

🍲 作法

1 甜椒、番茄、胡蘿蔔、馬鈴薯及南瓜切塊；洋蔥、蘑菇切片；玉米筍切滾刀塊；花椰菜去掉粗硬外皮再切成小朵待用。

2 鍋內放油，先將洋蔥和蘑菇煸香，再放入馬鈴薯和南瓜炒熟，接著放入甜椒、番茄、胡蘿蔔和玉米筍；倒入高湯煮滾後蓋上鍋蓋以小火燜煮15～20分鐘。

3 最後放入豆漿以小火煮至鍋邊冒泡；接著放入花椰菜以小火燜煮2～3分鐘，起鍋前加點鹽和胡椒粉調味即可。

TIPS
放入的蔬菜基本上可以隨心所欲做更換，將它作為清冰箱料裡也非常合適。

自己吃
or
多煮一點二人世界
（早午餐）

牛肉蘿蔔晶瑩餃
鮮蝦蛋花疙瘩湯

好吃的麵疙瘩湯，每一口應該都是潤滑又粒粒
分明的小小疙瘩，吃的時候，一定要記得撒上
胡椒粉，蝦仁鮮甜，麵疙瘩滑而彈牙，就著胡
椒粉溫和的辛辣，一大碗幾分鐘就全都下肚了。

晶瑩餃不用澄粉做餃皮，一樣能包出美麗的餃
子，而且還帶有美麗的透明感呢！

鮮蝦蛋花疙瘩湯

🔸 材料

蝦仁　120g
薑片　2片
雞蛋　2顆
雞高湯　100ml
水　500ml

麵疙瘩
中筋麵粉　100g
水　50ml

調味料
米酒　1大匙
鹽　1/2小匙

🔸 作法

1　用手往麵粉裡撒水，再用筷子慢慢攪拌。每次撒水，都要攪拌到麵粉將水全吸附的狀態再繼續撒；直到麵粉全部呈花生米大小的顆粒狀。再將做好的麵疙瘩，用一個漏勺稍微過篩至沒有乾麵粉。

2　先將蝦仁、薑片和米酒入鍋；再於鍋裡倒入雞高湯與水一起煮滾，就可以把篩好的麵疙瘩下鍋了。

3　麵疙瘩煮開後轉小火煮1分鐘，把打散的蛋液倒入鍋中，稍微停一下不要動，再用筷子攪拌，讓雞蛋凝成大片後關火，最後撒鹽和白胡椒後就可以出鍋了。

TIPS
撒水是這道料理的關鍵，一定要用水滴點撒下去，不能用倒的；否則會變成一大塊麵團。也千萬要記得過篩，不能有乾麵粉，不然入鍋就會變成稠稠的麵糊了。切記煮麵疙瘩的過程要用湯勺不斷攪動，避免黏在鍋底。

牛肉蘿蔔晶瑩餃

🥢 材料

牛肉　80g（打成絞肉）
蘿蔔　半根
醬油　1小匙
蠔油　1小匙
蔥　1根
薑　3公分
蒜　1瓣

調味料

麻油　少許
花椒　少許
香菜　少許
辣椒　少許

🥢 作法

1 蔥、薑、蒜與牛肉一起放進調理機中；攪碎再放入麻油、醬油與蠔油調味。

2 白蘿蔔洗淨去皮切薄片，要盡量切薄，之後才好對折。

3 煮一鍋滾水，將白蘿蔔放入汆燙3～5分鐘；讓蘿蔔片變透明即可。

4 舀一小杓肉餡放進白蘿蔔片中再對折。

5 再將蘿蔔餃用中火蒸10分鐘。

6 這時候在另一鍋內放油，將花椒以小火煸出花椒油。

7 蘿蔔餃出鍋後撒上香菜及辣椒圈；再均勻澆上熱騰騰的花椒油即可享用。

8 口味重一些的朋友可以另外調點蘸醬（醋、醬油、香油，各一匙；也可加點辣椒圈及蒜末）就非常美味了！

TIPS

白蘿蔔切得不夠薄、或是燙得太軟，都會讓蘿蔔片變得容易折斷。

自己吃
or
多煮一點二人世界

（晚餐）

彩色番茄鯛魚
蒜粒九層塔菇菇雞腿

今天有滿滿的蛋白質和我一起迎接週末；
碳水什麼的好像可以先拋一旁了～
不好意思，我只好先瘦為敬！

彩色番茄鯛魚

🔸 材料

彩色小番茄　300g
鯛魚片　250g
蒜片　3瓣量
九層塔　數葉

調味料

玉米粉　1小匙
橄欖油　1大匙
粉紅胡椒　少許
鹽　少許
胡椒　少許

🔸 作法

1 鯛魚片用廚房紙擦乾水分，用鹽和黑胡椒醃製15分鐘。

2 番茄對半切；醃漬好的魚片切成跟烤皿一樣的長度後拍上少許玉米粉。

3 番茄和魚片一起放進烤皿中；淋上一大匙橄欖油、放上蒜片和九層塔葉、撒點粉紅胡椒裝飾。

4 接著送進以攝氏190度預熱完成的烤箱中烤20分鐘即完成。

TIPS

建議使用彩色小番茄來製作這道料理，能讓素白的鯛魚片看起來更加活潑有生氣。

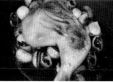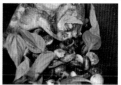

蒜粒九層塔菇菇雞腿

🥘 材料

蒜瓣　30g
蘑菇　100g
九層塔　10g
雞腿　1隻（300g）

調味料
鹽　1／2小匙
胡椒　少許
伍斯特醬　2大匙
水　50cc
白蘭地　1大匙

🍳 作法

1 雞腿表面劃幾刀方便入味，用鹽和黑胡椒先醃製20分鐘。
2 蘑菇對半切，蒜瓣去皮，九層塔留嫩葉。
3 先將蘑菇入鍋乾煎至金褐色且帶香氣後起鍋待用。
4 接著在鍋中放少許油，將醃製好的雞腿，和蒜瓣一起以小火慢煎至表面金黃。
5 將蘑菇一起入鍋，加入水、白蘭地和伍斯特醬後，蓋上鍋蓋，以小火燜煮5～6分鐘。
6 開蓋後大火收乾醬汁，熄火，放入九層塔後，翻拌幾下用餘溫引出香味即可。
7 若要讓雞腿看起來更加美味，可再將之送入攝氏180度預熱完成的烤箱烤10分鐘。

TIPS

若是沒有九層塔，使用羅勒或是其他香草也沒問題；主要就是為了讓這道菜多了一股帶路香而已。

招待朋友一起吃！

（下午茶）

起司馬鈴薯盒子
番茄培根暖心湯

500 克的馬鈴薯泥大概可以做 10 個馬鈴薯盒子，加上乳酪一顆淨重大約 45g；咦，那剩下的馬鈴薯泥呢？（當然是一邊做，一邊被偷吃掉了呀！）

巴薩米克醋是這道湯品的靈魂人物；加了它，整道湯就活過來了！

起司馬鈴薯盒子

🍴 材料

馬鈴薯　500g
馬茲瑞拉乳酪　45g
蛋黃　1個
小番茄　5顆
調味料
鹽　少許
胡椒　少許

🍴 作法

1 馬鈴薯去皮切塊；入鍋以大火蒸15～20分鐘。

2 蒸熟後撒上胡椒和鹽再壓成泥。

3 將馬鈴薯填入方型模具；中間夾上5g的馬茲瑞拉乳酪；因為沒有加奶油及牛奶，馬鈴薯泥比較鬆，務必要壓緊。

4 在起司馬鈴薯盒子的頂部刷上蛋黃液；擺上切成圓片的番茄；送進以攝氏180度預熱完成的烤箱中烤5分鐘後，取出再刷一層蛋液，繼續烤5分鐘即完成。

TIPS

如果沒有方形模具，也可以直接用手先將包好乳酪的馬鈴薯泥揉成球狀、再捏成方形即可。做成這樣的小巧造型，不仔細看，還以為端出了哪道甜品出來呢～

番茄培根暖心湯

➜ 材料

番茄　5顆
白洋蔥　1個
蒜　5瓣
甜椒　3個
培根　100g
高湯　1000ml

調味料
巴薩米克醋　2〜3大匙

➜ 作法

1 培根切小片；先入鍋乾煸上色後撈出待用。

2 同鍋放入切片洋蔥及蒜粒翻炒至軟化上色後，一樣取出待用。

3 接著放入切長條的甜椒、一大匙巴薩米克醋；將甜椒炒軟並上色後，加入番茄再次翻炒均勻。

4 將培根以外的所有食材一起入鍋、倒入淹過食材的高湯；直接用調理棒打成濃湯。

5 將濃湯煮滾後、撈除浮末。

6 最後將培根入鍋再煮5分鐘便可熄火起鍋。

7 享用前撒上胡椒、點上薄荷即完成。

Part II

招待朋友一起吃！

（晚餐）

牛肉豆腐燒 · 美乃滋生薑烤鯖魚
胡蘿蔔豆皮捲 · 香煎山藥

在這冷冷的冬夜
天吟釀都幫各位加熱至合適的溫度了，
就等親愛的好友們一一入座，
準備上桌囉！

牛肉豆腐燒

🔴 材料

木棉豆腐　1塊（300g）
牛肉片　150g
娃娃菜　2顆
洋蔥　半顆

調味料

醬油　2大匙
味醂　1大匙
酒　1大匙
水　250ml

🔴 作法

1 洋蔥切絲後入鍋炒軟變金黃。

2 接著放進切段的娃娃菜一起翻炒後取出待用。

3 原鍋放牛肉炒成熟色。

4 將洋蔥、娃娃菜先放入一只湯鍋中、再放上牛肉片。

5 將水及調味料全入鍋一起煮至沸騰；接著加入切成塊的豆腐；再度煮滾後轉成中小火；燉煮10分鐘；時不時翻動一下，即可熄火上桌。

TIPS

這道料理其實有點類似壽喜燒的作法；你可以依個人喜好再添加喜歡的食材，或是這樣簡單一鍋上桌也很吸引人！

美乃滋生薑烤鯖魚

⊅ 材料

鯖魚　2片切段
鹽　少許
調味醬（全部混合均勻）
美乃滋　3大匙
生薑泥　1大匙
醬油　1小匙
蔥末　1大匙
洋蔥　可有可無
檸檬　可有可無

⊅ 作法

1 在鯖魚兩面撒上少許的鹽巴後，將鯖魚帶皮面劃上刻紋，直接送進以攝氏250度預熱好的烤箱中，約烤十分鐘左右（表皮呈微焦黃褐色後就可以翻面），翻面後另一面也烤到魚肉熟、邊緣呈黃褐色。

2 再來將調味醬塗抹在帶皮的那一面上，繼續烘烤，烤至調味醬自帶焗烤微焦黃褐色時就大功告成了！

3 在烤好的魚底下鋪上在鍋中乾煎上色的輪圈洋蔥；享用前擠點檸檬汁更加好吃。

TIPS

這樣料理的鯖魚表皮酥脆可口，魚肉細緻又不乾；帶有蔥薑味的美乃滋抹醬更是加分再加分；它讓魚肉多了鹹甜交融的好滋味，帶著蛋香的氣味也更加迷人！

胡蘿蔔豆皮捲

➜ 材料

胡蘿蔔　1根
豆皮　4片
迷迭香　1小株

調味料
橄欖油　1大匙
巴薩米克醋　2大匙
白胡椒粉　1g

➜ 作法

1 胡蘿蔔洗淨削皮、切成長5公分、寬約0.5公分左右的長條。

2 煮一鍋加鹽的滾水；將胡蘿蔔條放入，煮5分鐘左右撈出瀝乾。

3 用新鮮豆皮將6～7條的胡蘿蔔捲起。

4 將白胡椒粉與巴薩米克醋還有橄欖油混和成醬汁。

5 先將捲好的豆皮蘿蔔捲入鍋，用少許油將表面煎上色。

6 再放進以攝氏180度預熱完成的烤箱內烤8分鐘。

7 最後將烤好的豆皮捲取出後切成段；再淋上調好的油醋醬汁、點綴上幾株迷迭香即完成。

TIPS

蘿蔔條的長度大概以豆皮攤開的寬度為基準。

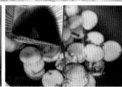

香煎山藥

➡ 材料

山藥　400g
調味料
醬油　1大匙
味醂　1大匙
水　1大匙

➡ 作法

1 戴上手套將山藥削皮、再切成0.2公分左右的厚片。

2 將200ml的水中加入1大匙白醋後，再將山藥放入浸泡5分鐘。

3 將1大匙水和1大匙醬油、1大匙味醂，攪拌均勻後待用。

4 鍋中放入少許油，以中小火將山藥厚片煎至兩面金黃。

5 接著倒入醬汁；讓山藥均勻上色且醬汁大致收乾後，即可出鍋裝盤，撒上蔥花享用。

TIPS

1 山藥皮中含有皂角素，黏液裡含有植物鹼，皮膚直接接觸容易引發過敏，導致手部發癢，請務必戴上手套操作。

2 將山藥浸泡在醋水裡可以去除山藥表面的黏液，同時防止氧化。

關於按快門以外的那三兩事

咩莉的料理攝影
心 得 分 享

分享是最快能讓人得到滿足感的事；
一個人的時候怎麼做？
就拍照跟大家分享吧！

氛圍
試著營造畫面情緒

決定菜色之後就可以開始運用想像力編織餐桌的故事場景了；
幫照片設定故事氛圍前的思考方向有四個重點：

1

時間

時間設定好，較能掌握光線的利用，並且營造情緒。這餐是天亮沒多久的早餐？睡飽飽且光線正好的早午餐？日正當中赤炎炎的午餐？慵懶溫和光線的下午茶？昏黃燭光的晚餐？還是只剩一盞夜燈陪伴的消夜呢？

2

地點

地點設定好，便可思索當下的空間配置、設計環境佈置，並勘察光線位置。這餐是在還沒收拾的廚房中島匆圇吞棗？還是擺上好看的餐墊，在大大的木頭餐桌上慢慢享用？又或者是在窗台邊的臥榻茶几上一邊啜飲、一邊行光合作用？

3

人物

人物之間的關係、距離感、人數，也會影響照片傳遞出的感覺。是懂得享受獨處時光的單身女子？是兩位親密的伴侶？還是三五個無話不談的貼心閨密們？亦或是為了生日派對歡聚一室的眾家親友們？

4

當下情緒

不同的氣氛會有不同的畫面配置；鏡頭在一人安靜獨享的時候會如何取景？多人狂歡時的線條感又該如何刻畫？試著思考如何藉由照片就能讓人嗅出空氣中所流動的情緒。

📷
自然光
尋找使料理看起來美味的光線

我很喜歡的食物攝影師沈倩如小姐有說過這樣一句話：「如果光線講的是在對的時間遇到對的人，角度則是在對的地方遇到對的人。」

當我們構思好要拍攝主體的故事情節後，就可以把腦袋的空間讓給光線及拍攝角度了。

在按下快門前，光源的設定絕對會賦予這張照片不一樣的靈魂；有時光線也會成為決定照片成敗的關鍵。而自然光是攝影時最大的禮贈，它容易取得、所見即所得並且免費；但也因為這樣，我們無法改變它。但，可以試著觀察它、與它磨合，找出最好的相處之道。另外要注意，在使用自然光拍照時，要關閉室內的頂燈、或是避免其他光線干擾，保持光源的單純性。

順光

側光

光源和攝影者處在同一個方向。這樣一來會讓整體畫面變得很明亮，且料理會被均勻地打亮、陰影將落在料理的後方（畫面中看不到的位置），因此不太會有什麼陰影。雖說優點是能正確表現出被攝物體的顏色，但同時也會造成立體感的不足，並且缺乏光澤，拍出來的料理看起來一點也不美味。這是食物攝影的最大禁忌，就像利用閃光燈拍攝一樣。請避免使用這個方向的光線。

光源來自於攝影者的左方或右方（大約九點鐘或三點鐘方向），能夠清楚地把光和影一分為二，製造明顯的對比。優點是立體感很足、畫面會很有層次；但缺點則是暗部會缺乏細節。由於從側邊照射過來的光線，部分會往料理旁邊發散，所以光澤感（輪廓光）不比側逆光拍攝時明顯。不過，如果要拍攝像是餅乾，堅果這類原本就沒有光澤的食物，或是不希望商品包裝嚴重反光時，就可以利用側光來拍攝。

逆光（背光）

側逆光（側背光）

光源是從料理的正後方（攝影者正前方）出現；當光線照射到料理後，會直接反射進鏡頭，所以能創造出明顯的輪廓光；物體間的輪廓層次會變得很鮮明、液體表面也會直接反射；但主角的正面會變暗，陰影面積很大，暗部細節也會不清楚。由於較不容易看清主角的正面，通常用於營造浪漫、有意境的氛圍；或是在拍攝玻璃裝的食物或飲料時，逆光可以表現出透亮的感覺，讓食物看起來更清新。

介於側光與逆光之間，光源來自於攝影者的兩點鐘或十點鐘方向。這樣的光源可以清楚表現物體的輪廓，還有明暗對比，同時也保留了層次與立體感，不過暗部面積較側光來得大，同樣也會缺乏細節與色彩。但由於光線如果是從料理的斜後方照射過來，部分光線會反射在料理上，料理的上端會較明亮，而沒有光線的部分就顯得比較暗，畫面立體感會更明顯。若是想要拍出料理的光澤感、或是清爽的早晨氛圍，則可以善加利用這樣的光源。

構圖
想像拍攝完成的畫面

市面上有很多的書籍、或是網路上都有介紹關於構圖的「公式」。像是三分法、黃金分割，一定要把主體放在畫面九宮格的4個交叉點上等等。在你還沒真的有自己的構圖方法時，是可以依循這樣的方式先做練習。但，構圖其實有點像是透過物體或元素的安排，建構出一個有主次關係的畫面。我希望在這邊能帶著大家有邏輯的去Run「怎麼拍出一張屬於自己喜歡的照片」的流程。有時候也許沒有條條框框，單純隨著心之所向，大膽嘗試；只要畫面裡所傳達的訊息能夠打動人心，一張有渲染力的照片就會誕生了。

考慮拍攝方向與角度

166

直式拍攝與橫式拍攝

在決定拍攝角度時可以同時考慮照片的樣式要呈現橫式還是直式。

目前在社群網站上有很多的歐美食物攝影都是直式的，不單是受市面上越來越多直版面的料理書和美食雜誌影響，同時因為與橫式照片相較，它能拍出較明顯的景深和空間感，並且比橫式照片在手機螢幕上有更多的顯示空間。

若今天拍攝主體的外型是呈垂直性發展的，例如飲品、較深的碗缽、堆疊擺盤的料理等，則可以直拍為優先考慮；反之若是拍攝主體是橫向、水平式的造型，例如沒有高度卻又深又廣的烤盤料理、較無層次且扁平的食材等，則可選用橫式拍攝。同理，桌上的擺設若是採左右橫向擴散，則可先考慮橫拍；若是以前低後高，向上延伸的直式擺設為主，則可採直拍的方式。

俯向拍攝

當你想拍各式各樣的食材、拍一整桌豐盛的料理組合，或是料理本身是扁平、沒有厚度的；都可以利用俯拍的方式，讓所有物體一目了然。這樣拍出來的料理和食器，形體、輪廓都會很明確；照片不太受左右翻轉的限制，但若是料理或器皿本身有高度及層次則較不適用。

水平拍攝

角度越低，越容易讓桌面上的物件距離拉近成同一平面。若是要採水平拍攝的方式取景，則可以利用淺景深來聚焦在單一主體上，或是將桌面中的物件距離拉開，打造出明顯的前景、主體和後景的前後層次感。這樣的拍攝手法更適合本身有高度或是層次分明的料理，例如層層分明的蛋糕、漢堡、漸層飲品等等。

由於在拍攝時背景會同時被保留下來，也就是說背景佈置在水平拍攝時是非常需要被考慮進去的元素之一。

斜角度（45 度角）拍攝

介於俯拍和水平之間，應該是大家最熟悉的角度了。可同時看到料理、盛裝容器的深度與高度，以及物體間的距離關係。常用於強調細節、或是特寫一個主體。當拍攝角度越低，背景區塊入鏡的越多，而拍攝角度越高，背景則減少，但同時桌面也會被看到越多，這時桌面的處理就得多費心思了。

＊試著用 30 度左右的角度取代最常見的 45 度角，這樣可以拍出主體更明顯的厚度及表面的樣貌，讓你的照片更加亮眼。

＊在決定拍攝角度時，務必將食物與器具聯手搭建出來的高度和層次一起考慮進去。

思考拍攝距離

拍攝的時候，距離越遠，畫面中的資訊就會越多，由照片所傳達出去的，大多會是以情緒感受為主。食物變得不是重點，而是拍出空間的氛圍、人物之間的關係；距離越近則是越容易聚焦在主體上；細節越多，越會看出食材與食器的質地、顏色與樣貌，越能傳達出食物的口感與風味。

挑選道具

在挑選道具時要記得所有的道具都要有關聯性、有邏輯。這樣觀看照片的人才會有認同感，讓他們能將你照片裡的故事繼續說下去。因此，平時在挑選道具時記得要依照實際生活經驗去做搭配，讓畫面看起來合情合理且能產生共鳴。例如在真實生活中，吃中式料理很少是用刀叉的、蛋糕旁邊放的應該不會是啤酒；不要因為覺得某個位置很空、或是純粹覺得這個道具很好看就沒思考直接放進畫面裡。這樣一來填滿的只是表面，但照片中的關聯性卻被完全破壞掉。

＊詳細的道具挑選可參考 P.172「道具：讓畫面更能說服人」。

注意顏色

不同的色彩會讓人有不一樣的感受，其中一大部分是與後天的生活經驗、成長背景密切相關。人們會因為過往的經驗連結，讓顏色帶給自己不同的情緒與喜好。

我們可以將顏色大致分為暖色調跟冷色調兩種。除了甜點較有機會以冷色調的形式出現外，大部分的料理多為暖色調。多數人在接觸到暖色調的色彩時，幾乎都會有熱情、活力與溫暖的感受；因此，如果想要讓照片帶給人精神飽滿，元氣十足的印象，就可以讓畫面中多出現一些暖色調的道具；而當人們的視覺接收到冷色調的畫面時，則可能會覺得它有神祕感、有距離感，亦或是清新、涼爽的氛圍；所以，若是想要表現出幽靜、理性或是清涼感，則可以多搭配冷色調的道具。

建議在顏色搭配上多使用相近的色系，整個畫面就會給人一種平穩、安心的感覺。反之，在搭配顏色時選用較多的對比色，則會給人一種強烈且衝突的效果。最後，除非是刻意安排，否則請盡量避免在同一張照片裡出現太多不同的顏色；這樣一來，很容易讓人有混亂、嘈雜的反感。

道具
讓畫面更能說服人

拍攝料理時除了最基本的食物及餐盤，如果用心挑選底下托襯的背景、餐具，和其他有意義的小道具，可以讓畫面看起來更有故事性且完整。主角是料理，在挑選好能襯托或呼應料理的餐盤後，連其他的輔助道具都要切合主角本身的定位才行。要記住不只是餐盤，任何呈現在畫面裡的東西都有它自己的風格，所以一定要選擇符合主題的物件，不是一股腦想放什麼都放上去。

桌面背景

放置料理的桌面材質會左右整個畫面的感覺。若是想營造木質地溫馨自然的感覺，可以善用家中的木頭家俱、木地板，包括桌椅櫥櫃、甚至是大一點的木砧板，或是直接去買無加工的木料回家自行DIY，都可以嘗試看看。

也可以選擇有質感、色彩有變化的布料來當作底色。選擇布料時要注意布的質地，與其選擇光滑平面的材質，不如選擇編織感較明顯、或是質地較有變化的布種；這樣的拍照效果會來得更好。同時建議布材在使用前可先行熨燙過，如此呈現的畫面較能讓人感到料理者的用心。

另外也很推薦使用紙張來當作攝影背景。若是不需要布料的柔軟感，就可以考慮使用紙張；一來不用擔心只有布料才容易產生的皺褶、二來紙張能有各式顏色跟質地，而且還能大圖輸出喜歡的花樣，或是直接選用紋路深刻的壁紙。如此一來，就算是木紋、石紋、磚紋或是其他紋路都有機會找到替代品。

餐墊桌布

餐墊及桌布是構圖配色的好幫手。當構圖畫面有空洞感時,有時候其實不需要再添加其他雜七雜八的小物件,而是選擇放一塊有點紋路的素色餐墊來填補空白,如此就能讓畫面更加生動又不嫌累贅。

建議可以準備幾款與家中大部分餐盤都能匹配的餐巾或桌墊;一開始若沒有自信能將複雜花紋款式搭配得很好的話,可以先從素色但質地較不平滑的棉麻布料下手。

好看的砧板也能作為餐墊的另一種選擇。因為大小、形狀、顏色和質地的不同,也能帶來不一樣的感覺。

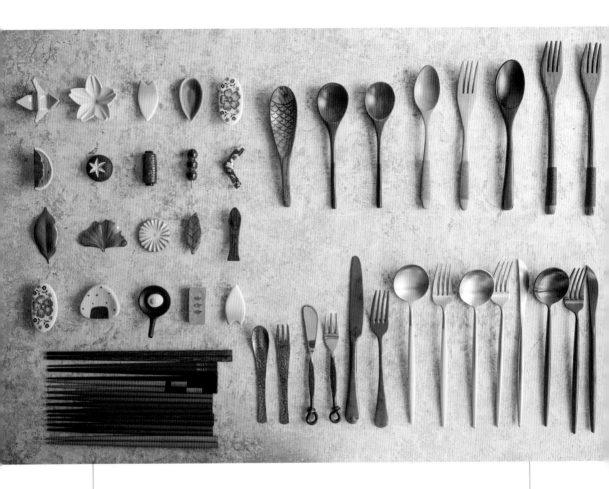

刀叉杓筷

選擇搭配餐盤的刀叉杓筷、各式餐具時要注意材質與大小。因應不同的主題類型選擇合適的餐具時，可把握一個原則，「新的配新的、舊的配舊的」。這裡的「新」指的是新穎的、時尚且帶有設計感的款式；而「舊」指的是復古、懷舊、帶有年代感的造型。若是沒有特別原因，一旦混搭，便容易讓人出戲且感到格格不入。

在選擇金屬材質的餐具時會建議挑選霧面、或是不容易反光的款式，避免在拍照時將自己的身影反射在餐具上，莫名地也入鏡了。

另外在擺放筷子與筷架時也要注意；筷架的尺寸不要過大、或是形狀顏色過於突兀，否則很容易會讓人第一眼看到的不是料理，而是筷架。而筷子若要放在碗盤的前方，記得將前端尖細的部分入鏡，否則只看到兩根被截斷的細木棍會顯得很怪異。

調味料

拍照時可以將一些料理內會使用到的調味元素加入畫面中,例如不同顏色的胡椒、花椒粒、八角、肉桂這些形狀外貌比較突出的香料,或是不同的調味粉末、醬料,用以營造出還沒來得及收拾桌面的生活感;同時也能讓觀看照片的人更能想像料理的味道與香氣。不只是調味料、好看的調味罐也能製造出不同的吸睛效果。

花草植物

在畫面中加入花草植物類的擺飾，能依種類的不同提升整體的華麗感，或是增加自然的氛圍。若對於用色上還不夠有信心，則可以在挑選時找與料理主題性質相近，且顏色與器皿為近似色的花種或植物；但強烈建議只選用新鮮或是單純乾燥過的花草植物，千萬不要選用塑膠製或是染上突兀顏色的假植物或假花，避免照片整體質感變差。

瓶籃罐盒

平常可以收集一些可愛的餅乾糖果盒、或是耐看的玻璃瓶罐及置物籃。好看的盒子很適合用來擺放自己手做的烘焙點心、亦或是放上烘焙紙後當作冷便當盒來用；瓶罐除了可以裝水、裝飲料，還能用來當作放置花草植物的花瓶。而置物籃可以選用藤製、竹製、柳木製或是鐵絲等材質，先舖上餐巾或是烘焙紙，再擺上誘人的麵包、點心，看起來會更有味道。

其他

另外還能蒐集一些封面好看的雜誌、書本以及明信片、卡片，或是不同國家的報紙來製造生活感。其他像是各式杯子、托盤或酒瓶等道具；放入畫面中，立即能改變照片風格。

◎道具準備好之後別忘了在開始料理
前先沙盤推演一番；先將道具及餐
盤的位置大概確定後，上菜前就不
會手忙腳亂，也不會耽誤到菜餚剛
煮好時最美的黃金十分鐘（但也請
不用過度執著，上菜前都可以再次
調整餐盤款式和擺放位置的）。

主題
早・午餐、定食、便當、宴客

即使是相同的料理，只要使用不同的道具、改變擺設，也會有截然不同的效果與氣氛。在把故事背景設定好後，別忘了料理才是主角，在做場景佈置時不要讓過頭的擺設搶走了食物的風采。接下來介紹四款在生活中常見的食物攝影主題吧！

便當

早・午餐

定食

宴客

早 · 午餐

一天之初的活力早餐就是要拍出開朗、有精神的模樣。想想熱騰騰又柔軟的炒蛋、剛沖好的香醇咖啡;在佈置忙碌週間的早餐餐桌時建議盡可能營造出積極、正向的氛圍。如此一來會讓觀看照片的人更容易有正面的回饋。

所謂積極、正向的氛圍可以從配色開始,試著為週間早餐營造出清新的畫面;例如,盡量挑選以白色、淺色為主的餐具、餐墊;讓「視吃者」也能同樣朝氣滿滿。若是能加上從窗邊灑落的溫柔自然光(逆側光)會更吸引人。

而已經睡飽飽的週末早午餐餐桌則適合勾勒出悠閒、慵懶、放慢腳步的狀態;餐桌上的道具與食器較不設限,只要餐桌上的整體氣氛是活潑或是輕鬆隨性的;同時,畫面最好要呈現明亮、有陽光的(側光)晴天感會更好。

道具部分可以擺上一些新鮮雞蛋、水果、飲品來做搭配,會讓人聯想到享用飯店豐盛早餐的期待、愉快感受,同時也能讓畫面更加吸睛。

定食

傳統的日式定食菜色擺放位置其實是有規則的。為了遵照左尊右卑的日本傳統禮法，白飯一定在左手邊、湯品則一定在右邊；也有說法是為了方便左手拿碗、右手拿筷子的習慣。

而主菜的部分會放在右上角、配菜在左上角，中間則會放置小菜、漬菜等小碟。不過就我後來的觀察，現今的日本家庭大多只維持白飯一定在湯的左邊之傳統（有一說，若是擺反了則會變成啼笑皆非的日式腳尾飯），且配合慣用右手的人，筷子尖會向左，方便拿取。

通常不會改變的就是筷子、飯、湯這三樣東西的相對位置，其餘的部分則會因應食物的內容而有所改變。因此，若是大家想擺放出有定食感的餐桌時，可以參照這個基本原則再去做調整。同時，日式料理的擺設就是要看起來很工整、舒服；因此盛裝的小碟、器皿須注意顏色與花色的搭配。每個物件之間的間距也要保持一定的距離。不論是邊、角，或是線條的紋路都要對齊排列，這樣才能抓到日式定食的整齊嚴謹精隨。

便當

社群網站上有非常多人每天都會做便當，並且拍照上傳與朋友分享。有鑑於一般家庭的便當盒款式可能不多，除了可以用料理內容物取勝外，如果是採俯拍的方式，這時就建議用鋪在便當下方的餐巾、餐墊來做變化。

在選擇餐巾、餐墊款式時，可以從幾個角度來思考；例如，這個便當是做給誰的？是否有主題性？季節感重嗎？這樣一來，就比較容易挑到合適的餐巾、餐墊；為外表一成不變的便當照增加一些新的氣象。

若是選擇以側邊角度進行拍攝，則會建議在便當內容物的高度下功夫；在拍攝當下要讓畫面更加好看、食材更加顯眼時，可以試著將便當菜色以料理中較不完整的食材鋪墊在底下，讓菜色稍稍高於便當邊緣；或是插上幾支符合便當風格的食物籤；試著在便當的上方做文章；這樣的照片會更顯精神與生動。

宴客

最多人覺得困難的應該是滿桌宴客料理時，到底該如何擺放的問題。

首先，當然是要將所有餐具的風格、顏色維持一致性；所以我們要先思考用餐的時間、季節是什麼時候？今天要準備怎麼樣類型的料理呢？接著是食器與餐具的準備數量；用餐的位置是在哪？有多少人要用餐？餐具該準備幾副？賓客會怎麼入座？總共會準備幾道料理呢？都思考過一輪後，再來決定器皿就不容易出錯。

而擺放時可以盡量拉近餐盤與餐盤間的距離，營造熱絡歡樂的氛圍。而器皿與器皿間若是有空洞感，則可以用些許辛香料或是餐巾簡單妝點一下。當以水平角度取景時，可以擺出高後低前的落差感，這樣一來會更加有層次。畫面中的顏色和道具之所以能相配平衡，有一部分在於擺放的律動是錯落、不整齊、有對角線的。但也不用想太多，有時候就順著食器和料理的曲線及顏色去配置，自然能形成一種生動的弧度，屬於你自己的餐桌風景線條就會顯現出來了！

喀擦！
目前大家人手一機；只要打開手機裡關於攝影的應用程式，隨時都能拍
下喜歡的食物畫面。這邊提供一個使用手機拍攝的小技巧：在拍攝照片
時；若是以水平、或是斜角度來取景，切記要將手臂夾緊；讓手機與身
體呈 180 度平行，或站或蹲；藉由改變自己的身高來決定攝影角度；若
是採俯拍的方式，手機則要與身體呈 90 度垂直狀態。那該如何檢測是
否有做到呢？請將你的手機螢幕九宮格打開，讓被拍攝內容有直線的部
分能與螢幕上的九宮格線平行。這樣一來，你的照片才不會歪斜，讓看
的人覺得舒服。基本上就先贏在起跑點了。

後製
學會使用修圖軟體

後製照片其實有點類似藉由強化或弱化照片裡的光線、顏色與層次感，將拍攝當下的情緒帶進畫面中。使用後製軟體來編輯你的大作時要記得一個原則 — 就像是幫素顏就很漂亮的美女再化上淡妝；太濃艷會顯得不耐看，只要淡淡的強化一些重點，好像有化妝又好像沒化妝，這樣才會顯得精緻又自然。

◎我最常用的四款手機影像後製軟體分別是：

Snapseed	VSCO
由 Google 所研發的影像編輯工具。在免費的基礎下，提供了相當完整的編修功能，且內建多款濾鏡，就連 RAW 檔也能開啟，其他 app 裡常見但需要付費的功能（例如調整影像的垂直水平，或是局部微調、修復等功能）它也是免費提供；算是一款很佛心的 app。	對於沒耐心精修、只是想簡單處理照片、同時使用好看又有質感濾鏡的人來說是一款很方便的 app。對我而言，若單純只是日常簡易修圖、或是想隨意地發佈限時動態，已算是十分夠用。只要利用內建的十款免費濾鏡就能變化出很有味道的影像。當然也可以考慮付費，享受更多不同風格的濾鏡與功能。
Lightroom	**Instagram**
我最常使用的影像編輯軟體就是 Lightroom 了。在界面操作上算是相當直覺的一款 app；使用內建的相片調整功能，相對於其他修圖軟體，能處理得更加細緻及專業。同時也有在電腦上操作的版本，若是需要大量修圖、編輯專業影像，則推薦使用這個軟體，讓你能事半功倍。但有部分功能需付費才能使用，再請斟酌利用。	這款 app 應該是大家最不陌生的。在還沒開始使用其他應用程式時，若是要上傳照片，我都會直接用 Instagram 的內建功能調整影像。它同時也有多款濾鏡可供使用。建議初學者在一開始時可以先摸索 Instagram 的內建功能，待更加熟悉後再下載其他軟體。不要一開始就讓自己因為工具太多，反而手忙腳亂。

以下將Instagram內除了濾鏡以外的14種後製功能簡單介紹一下；影像後製軟體的基本功能其實大同小異，大家可以依照這個基礎再去摸索，將心中完美影像透過編輯工具中的拉桿化為實作！

LUX

在編輯照片的上方有一個獨立出來像魔法棒圖案的「LUX」，它其實有自動最佳化照片的功能。只要將 LUX 的滑桿往右方拉，你的照片顏色就會變得更加鮮明、細節處也會更加銳利；如果不想動腦時可以直接開 LUX 大絕，讓它來幫你修正一般手機拍照時可能會出現的各種缺點。

調整

裡面有垂直透視、拉直及水平透視三個功能。能協助你調整影像的垂直水平，藉以修正影像中的歪斜線條或是將照片旋轉成你想要的角度。在建築、空間影像上很常使用的功能，能強化水平線或畫面的幾何美感。

亮度

用來加強或削弱照片的整體亮度。只是在調亮的過程中難免會損失一些細節，建議輕微調整後再輔以亮部與陰影功能為佳。

對比

讓亮處更亮，暗處更暗。對比功能可以把光線表現不夠明顯，或是過於明顯的照片調整成明暗對比更深或更淺；加深對比（向右拉即可將對比加大）通常是為了強調主角、讓立體感更清楚；削弱對比（向左拉即可將對比變小）則可以讓畫面暗處的細節一一浮現。

結構

是用來豐富中間部分的色階變化。調整時，最亮與最暗處的色階不變，而中間部的色調則變得豐富。以料理照片來說，調高（向右拉）這個功能的數值，細節會更加顯現、照片的感覺就會偏向歐美食譜書上的深刻風格。

暖色調節

最主要的功能是將照片調整回接近白平衡的顏色。它控制了色溫與色調，能決定影像的顏色情緒。試著將拉桿往右拉變成「暖色調」，適合表現秋天、黃昏的溫柔氛圍。而往左拉則是變成「冷色調」，適合呈現冬天、清晨的冷冽或清新的樣貌。

飽和度

它決定了畫面中色彩的濃郁程度。向右拉會增加顏色的飽和度，讓照片內的色彩變得豔麗飽滿、使畫面呈現五彩繽紛的活潑歡愉調性。而往左拉則會讓照片降低彩度，越往左會越接近黑灰白色階的狀態。

顏色

這功能將陰影色調與亮部色調分開，能夠分別調整紅、橙、黃、綠、藍、靛、紫、粉，八個顏色的輕重比例。有如帶了一副有色的眼鏡在觀看照片；同樣能用來控制影像的顏色情緒。有點類似將照片的陰影與亮部各套上不同顏色的賽璐珞片，呈現出不一樣的感覺。

淡化

有點像是幫照片罩上一層薄紗，越往右拉，則紗的不透明感就越重。加上這個特效時，可以讓照片呈現日系攝影那種小清新、不張揚的味道。

亮部

用來調整亮部色階。如果一張照片中亮的部分有過度曝光的情形，就可以利用向左拉來降低過曝的問題，反之，若是覺得亮部不足，則可以向右拉，讓該亮的部分光線更加充足。

陰影

與亮部調整的效果恰好相反，是用以調整暗部的色階。向右拉，可以加亮畫面中陰暗的部分；向左拉，則會讓暗處更暗。

暈映

將影像的四個角落添加柔和的陰影，在復古風格的照片中很常被應用；可以營造出老照片才有的美麗暈影效果，也能使畫面看起來更加靜謐。

移軸鏡頭

若是你使用的智慧型手機沒有淺景深的功能，則可以利用移軸鏡頭套用淺景深效果。讓照片中的指定部分清楚，並朝著四周漸漸發散成模糊的樣貌（有圓形及長條型兩種移軸鏡）。使用時，可以用雙指縮放來改變中央清晰處的大小。

銳化

有加強照片內物體鮮明與銳利的效果，能使畫面中的料理線條更加分明。由於上傳至 Instagram 時，照片都會被壓縮，建議上傳前可以使用這個功能避免畫質在壓縮後變差。但要注意的是，在銳化過程中，銳化程度越高，照片中的顆粒感就會越清楚，若是在大螢幕上觀看就會變得比較明顯。

「要不，今天來我家吃飯吧！」

當我在為《一個人的旅味煮食》寫下後記時，2020 年已剩下不到幾天了。

有點雀躍這荒唐又混亂的一年終於接近尾聲，期待著 2021 年能讓所有人的生活快快回到正常軌道；當然，還包括可以自由地到世界各國品嚐當地的美食珍饈。

很慶幸自己生活在台灣，在這渾沌且令人不安的時刻，還是能隨口呼朋引伴：

「要不，今天來我家吃飯吧！」

我的好友們常開玩笑的喊我咩里長，而咩家就是她們的里民活動中心了。

不論是逢年過節的狂歡地點、運動健身後的午茶歇腳處、外出聚餐後的二次會選擇，或是單純路上逛街逛累了無處可去；大家第一時間都會想到要來我家。

能讓好友們覺得在我家吃飯比在外面用餐還要開心；又或者讓她們感受到家裡安心自在的輕鬆氛圍；我想都是因為料理所帶來的幸福和溫暖吧！

當然，這同時也療癒到我。

大多數人都會覺得為別人親自下廚、做甜點是一種慷慨大方的給予，但心理學家認為，提供餐點的料理人、烘焙師傅，同時也會獲得很多心理上的支持。

波士頓大學心理與腦科學副教授 Donna Pincus 向《赫芬頓郵報》

（Huffington Post）表示，願意為自己或別人下廚及烘焙是一件很正向的行為。她說：「如果你能專注於香氣和味道，並滿足於自己所創造出的成品，那麼在當下的正念行為亦能為你減輕壓力。」

Donna Pincas 認為下廚或做甜點所需要的循序思維可以提高一個人的正向度，同時減少負面思想的產生。這時候的你會專注於用心感受每個步驟與每樣食材，就如同正念冥想一般，達到舒壓的效果。

同時，這也是其中一種利他主義的形式。Pincus 說：「為他人下廚或烘焙而不求回報，會使你覺得自己的存在是有意義的！」她認為為別人下廚可以增加幸福感，有助於減輕壓力；整個過程會讓自己覺得為這個社會做了件加分的事，也許還能因此豐富自己的生活意義並且與他人產生連結。

在這個疫情嚴峻的 2020 年，我寫下了這本書。不管你是一個人生活、兩個人做伴，或是一大家子和樂融融；我都希望因為這本書，在未來的日子裡能讓你更有動力陪陪身邊的人，並且更自在地享受與自己獨處的時光。若是你喜歡烹飪，不妨從書裡找幾道有興趣的料理，吆喝三五好友來家裡作客，藉由下廚與分享，為自己和大家舒壓；如果你更愛甜食，透過為心愛的家人、夥伴製作一道甜甜的美味來調劑心情，絕對也是超棒的選擇！

「要不，今天來我家吃飯吧！」期待你這樣說出口。

喔，對了！也別忘了向我捎來幾張你的得意之作呀！

咩莉 2020.Dec.27

bon matin 132

一個人的旅味煮食

作　　者　咩莉‧煮食
攝　　影　咩莉‧煮食

野人文化

社　　長　張瑩瑩
總 編 輯　蔡麗真
美術編輯　林佩樺
封面設計　謝佳穎

責任編輯　莊麗娜
行銷企畫　林麗紅
出　　版　野人文化股份有限公司
發　　行　遠足文化事業股份有限公司
　　　　　地址：231新北市新店區民權路108-2號9樓
　　　　　電話：（02）2218-1417
　　　　　傳真：（02）86671065
　　　　　電子信箱：service@bookreP.com.tw
　　　　　網址：www.bookreP.com.tw
　　　　　郵撥帳號：19504465遠足文化事業股份有限公司
　　　　　客服專線：0800-221-029

讀書共和國出版集團

社　　　　　長　郭重興
發行人兼出版總監　曾大福
業 務 平 臺 總 經 理　李雪麗
業務平臺副總經理　李復民
實 體 通 路 協 理　林詩富
網路暨海外通路協理　張鑫峰
特 販 通 路 協 理　陳綺瑩
印　　　　　務　黃禮賢、李孟儒

法律顧問　華洋法律事務所　蘇文生律師
印　　製　凱林彩印股份有限公司
初　　版　2021年01月27日

國家圖書館出版品預行編目（CIP）資料

一個人的旅味煮食／咩莉.煮食著.-- 初版.-- 新北市：野人文化股份有限公司出版：遠足文化事業股份有限公司發行，"2021.02"
200面：17×23公分.--（Bon matin；132）ISBN 978-986-384-468-6（平裝）　1.食譜

427.1

09019975

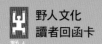

野人文化
讀者回函卡

感謝您購買《一個人的旅味煮食》

姓　名　　　　　　　　□女 □男　年齡 _____

地　址 _____

_____

電　話　　　　　　手機 _____

Email _____

學　歷　□國中(含以下) □高中職　　□大專　　□研究所以上
職　業　□生產／製造　□金融／商業　□傳播／廣告　□軍警／公務員
　　　　□教育／文化　□旅遊／運輸　□醫療／保健　□仲介／服務
　　　　□學生　　　　□自由／家管　□其他

◆你從何處知道此書？
　□書店　□書訊　□書評　□報紙　□廣播　□電視　□網路
　□廣告DM　□親友介紹　□其他

◆您在哪裡買到本書？
　□誠品書店　□誠品網路書店　□金石堂書店　□金石堂網路書店
　□博客來網路書店　□其他_____

◆你的閱讀習慣：
　□親子教養　□文學　□翻譯小說　□日文小說　□華文小說　□藝術設計
　□人文社科　□自然科學　□商業理財　□宗教哲學　□心理勵志
　□休閒生活（旅遊、瘦身、美容、園藝等）　□手工藝／DIY　□飲食／食譜
　□健康養生　□兩性　□圖文書／漫畫　□其他

◆你對本書的評價：（請填代號，1. 非常滿意　2. 滿意　3. 尚可　4. 待改進）
　書名_____封面設計_____版面編排_____印刷_____內容_____
　整體評價_____

◆希望我們為您增加什麼樣的內容：

_____

_____

◆你對本書的建議：

_____

_____

23141
新北市新店區民權路108-2號9樓
野人文化股份有限公司 收

野人

請沿線撕下對折寄回

野人

書名：一個人的旅味煮食

書號：bon matin 132

阻氧緩腐

100%鎖住鮮味

袋體強韌

100%無塑化劑

優雅煮食。
新鮮至上！

USii食物高效鎖鮮袋，優於市售500倍阻氧率
100%鎖住食物鮮味，新鮮營養不竄味

更多介紹請掃我

全省家樂福(包含量販與超市)
新 品 熱 銷 中